环境工程实验与实训

HUANJING GONGCHENG SHIYAN YU SHIXUN

蒋荣华　龙来寿　主编

图书在版编目(CIP)数据

环境工程实验与实训/蒋荣华,龙来寿主编.—武汉:中国地质大学出版社,2023.4
ISBN 978-7-5625-5531-5

Ⅰ.①环…　Ⅱ.①蒋…②龙…　Ⅲ.①环境工程-实验　Ⅳ.①X5-33

中国国家版本馆CIP数据核字(2023)第054069号

环境工程实验与实训　　蒋荣华　龙来寿　主　编

责任编辑:杜筱娜　　选题策划:周　豪　　责任校对:何澍语

出版发行:中国地质大学出版社(武汉市洪山区鲁磨路388号)　　邮编:430074
电　话:(027)67883511　　传　真:(027)67883580　　E-mail:cbb@cug.edu.cn
经　销:全国新华书店　　http://cugp.cug.edu.cn

开本:787毫米×1 092毫米　1/16　　字数:300千字　　印张:12
版次:2023年4月第1版　　印次:2023年4月第1次印刷
印刷:武汉市籍缘印刷厂

ISBN 978-7-5625-5531-5　　定价:39.00元

前　言

在工科专业教学过程中，实践技能的培养非常重要。环境工程实验与实训是环境工程专业的一门核心实践课程，内容涵盖大气污染控制实验、水处理实验、固体废物处理实验、微生物实验和环境工程实训。本书是编者结合多年环境工程实验和实训教学工作，依据地方本科院校的特点，在参考其他高校教材和讲义的基础上编写而成的，着重体现课程内容的应用性。

本书共分为5章，包括大气污染控制实验12项、水处理实验19项、固体废物处理实验8项、微生物实验11项和环境工程实训3项，基本涵盖了环境工程这门学科所涉及的各类污染处理的工艺、技术、方法和设备，并通过实验室小型化手段实现了理论到实践的过渡。

参加本书编写工作的有韶关学院环境工程系蒋荣华、龙来寿、梁凯、雷畅、付志平、张伽秋子，广东韶科环保科技有限公司贺健雄，全书由蒋荣华统稿。本书的出版得到了韶关学院教育教学管理评价系统及教学资源建设项目的资金支持。在本书的编写过程中，韶关学院化学与土木工程学院的各位老师给予了大力帮助，在此表示衷心的感谢。

本书可作为高等院校环境工程及相关专业的实验教学用书，也可供环境工程及相关专业科研、设计及管理人员参考。

由于编者水平有限，书中难免存在错误和不当之处，敬请各位读者批评指正。

编　者

2023年2月

目　录

1　大气污染控制实验

实验 1.1　空气中二氧化硫的测定
（甲醛吸收-副玫瑰苯胺分光光度法）

一、实验目的

(1)掌握空气采集器的操作方法和溶液吸收采样法。

(2)掌握用甲醛吸收-副玫瑰苯胺分光光度法测定二氧化硫的原理和方法。

二、实验原理

二氧化硫被甲醛溶液吸收后，生成稳定的羟甲基磺酸加成化合物，在样品溶液中加入氢氧化钠使加成化合物分解，释放出的二氧化硫与副玫瑰苯胺（对品红）、甲醛作用，生成紫红色络合物，用分光光度计在波长 577nm 处测量吸光度。

三、实验仪器和试剂

仪器：10mL 具塞比色管、分光光度计、多孔玻板吸收管、空气采样器等。

试剂：6.0g/L 的氨基磺酸铵（钠）溶液、2.0g/L 的甲醛溶液、0.5g/L 的盐酸副玫瑰苯胺溶液、浓度为 1μg/mL 的二氧化硫标准使用液。

四、实验步骤

1. 采样

(1)吸取 5mL 吸收液于多孔玻板吸收管中，用硅橡胶管将其串联在空气采样器上，调节采样器流量为 0.5L/min。

(2)设置采样时间为 45min。

(3)在采样的同时，记录现场的温度和大气压力，并设置空白对照组。在对照组的吸收管中加入 5mL 吸收液，将吸收管的进口、出口用同一根橡胶管连接。

(4)记录采样时间以及其他与采样有关的数据。

(5)采样结束后，关闭仪器，将吸收管密封好带回实验室待测。

2. 标准曲线的绘制(二氧化硫标准使用液浓度为 1μg/mL)

取 14 支 10mL 具塞比色管，分为 A 组和 B 组，每组 7 支，分别对应编号。

A 组按表 1-1 所列参数和方法配制标准溶液色列。

表 1-1 参数和方法

管号	0	1	2	3	4	5	6
二氧化硫标准使用液/mL	0	0.50	1.00	2.00	5.00	8.00	10.0
甲醛吸收液/mL	10.00	9.50	9.00	8.00	5.00	2.00	0.00
二氧化硫的含量/μg	0						

在 A 组各具塞比色管中加入 6.0g/L 的氨基磺酸铵(钠)溶液 0.50mL，1.5mol/L 的氢氧化钠溶液0.5mL，混匀。

在 B 组各管中分别加入 1.0mL 的盐酸副玫瑰苯胺溶液(0.5g/L)。

将 A 组各管的溶液迅速地全部倒入对应编号并盛有盐酸副玫瑰苯胺溶液的 B 管中，立即加塞混匀后恒温显色 20～25min(稳定时间 20min)。在波长 577nm 处，用 10mm 比色皿，以水为参比测量吸光度。以空白校正后各管的吸光度为纵坐标，以二氧化硫的含量(μg)为横坐标，建立校准曲线的回归方程。

3. 样品测定

将采样后的吸收液放置 20min，转入 10mL 具塞比色管中，用少量甲醛吸收液洗涤吸收管，洗液转入具塞比色管中并稀释至刻线。加入 6.0g/L 的氨基磺酸铵(钠)溶液 0.5mL，摇匀，放置10min，以消除 NO_x 的干扰。以下步骤同标准曲线的绘制。

按下式计算空气中二氧化硫的浓度：

$$C = \frac{A - A_0}{V_n} \cdot B_s \tag{1-1}$$

式中：C 为空气中二氧化硫的质量浓度(mg/m^3)；A 为样品溶液的吸光度；A_0 为试剂空白溶液的吸光度；B_s 为计算因子(μg/吸光度)；V_n 为换算成标准状况下的采样体积(L)。

五、思考题

(1)测定大气中二氧化硫的方法有哪几种？比较各种方法的特点。

(2)如果二氧化硫标准溶液的浓度偏高，会使实验结果产生何种误差？

(3)干扰二氧化硫测定的因素有哪些？如何消除？

(4)显色后的试管如何清洗？

实验 1.2 空气中二氧化氮的测定［N-(1-萘基)乙二胺盐酸分光光度法］

一、实验目的

(1)掌握 N-(1-萘基)乙二胺盐酸分光光度法测定空气中二氧化氮的方法和原理。

(2)掌握大气采样器及吸收液采样的操作技术。

二、实验原理

测定时将一氧化氮氧化成二氧化氮，用吸收液吸收后，生成亚硝酸和硝酸。其中，亚硝酸与对氨基苯磺酸发生重氮化反应，再与盐酸萘乙二胺偶合，生成玫瑰红色的偶氮染料，其颜色深浅与气样中二氧化氮的浓度成正比，可用分光光度法定量。因为二氧化氮(气)不是全部转化为 NO_2^-(液)，故在计算结果时应除以转换系数(称为 Saltzman 实验系数，用标准气体通过实验测定)。

三、实验仪器和试剂

仪器：多孔玻板吸收管、大气采样器、具塞比色管、分光光度计等。

试剂：显色液、亚硝酸钠标准溶液、吸收原液。

四、实验步骤

1. 采样

吸取 5.00mL 显色液于多孔玻板吸收管中，用硅橡胶管将其串联在采样器上，以 0.3L/min流量采气 45min。在采样的同时，应记录现场温度和大气压力，并设置空白对照组。在对照组的吸收管中加入 5.00mL 显色液，将吸收管的进、出口用同一根橡胶管连接。

2. 标准曲线的绘制

取 7 支 10mL 具塞比色管，按表 1-2 中的参数和方法配制 NO_2^- 标准溶液色列。

表 1-2 参数和方法

管号	0	1	2	3	4	5	6
亚硝酸钠标准溶液/mL	0	0.10	0.20	0.30	0.40	0.50	0.60
吸收原液/mL	4.00	4.00	4.00	4.00	4.00	4.00	4.00
水/mL	1.00	0.90	0.80	0.70	0.60	0.50	0.40
亚硝酸根含量/μg	0	0.5	1.0	1.5	2.0	2.5	3.0

将各管溶液混匀，于暗处放置20min(室温低于20℃时放置40min以上)，用1cm比色皿于波长540nm处以水为参比测量吸光度，扣除试剂空白溶液吸光度后，用最小二乘法计算标准曲线的回归方程。

最小二乘法计算回归方程式：

$$y = bx + a \tag{1-2}$$

式中：y为标准溶液吸光度(A)与试剂空白液吸光度(A_0)之差；x为亚硝酸根含量(μg)；b为回归方程的斜率；a为回归方程的截距。

3. 样品测定

采样后于暗处放置20min(室温20℃以下放置40min以上)后，用水将吸收管中吸收液的体积补充到标线。混匀，按照绘制标准曲线的方法和条件测量试剂空白溶液和样品溶液的吸光度，按下式计算空气中NO_x的浓度。

$$C_{NO_x} = \frac{(A - A_0)B_s}{0.76V_0} \tag{1-3}$$

式中：C_{NO_x}为空气中NO_x的浓度(以NO_2计，mg/m^3)；A、A_0分别为样品溶液和试剂空白溶液的吸光度；V_0为换算为标准状况下的采样体积(L)；0.76为Saltzman实验系数，二氧化氮(气)转换成NO^{2-}(液)的系数；B_s为$1/b$，即标准曲线斜率的倒数，也就是单位吸光度对应的二氧化氮毫克数。

五、干扰与消除

(1)当空气中二氧化硫质量浓度为氮氧化物质量浓度的10倍时，对测定结果的干扰不大；当空气中二氧化硫质量浓度为氮氧化物质量浓度的30倍时，会使氮氧化物的测定结果偏低。

(2)当空气中臭氧质量浓度超过0.250mg/m^{3}时，二氧化氮的测定结果会偏低。采样时在入口端串联长15～20cm的硅胶管，可以消除干扰。

(3)当空气中含有过氧乙酰硝酸酯时，二氧化氮的测定结果会偏高。

(4)吸收液和亚硝酸都会见光分解，所以实验时要用棕色瓶。

六、思考题

(1)氮氧化物对环境有什么影响？

(2)简述几条大气采样时对环境的要求。

(3)应如何配制氮氧化物的吸收液？

实验 1.3 空气中总悬浮颗粒物(TSP)的测定

一、实验目的

掌握重量法测定空气中 TSP 的原理和方法。

二、实验原理

滤膜捕集-重量法：用抽气动力抽取一定体积的空气，并使空气通过已恒重的滤膜，则空气中的 TSP 被阻留在滤膜上，根据采样前后滤膜质量之差及采样体积，即可计算 TSP 的浓度。根据采样流量不同，可分为大流量采样法、中流量采样法和小流量采样法。本实验采用中流量采样法。

三、实验仪器

仪器：孔口流量计、滤膜、镊子、采样器、分析天平、恒温恒湿箱、X 光看片机。

四、实验步骤

(1)用孔口流量计校正采样器的流量。

(2)滤膜准备：首先用 X 光看片机检查滤膜是否有针孔或其他缺陷，然后放在恒温恒湿箱中于 15～30℃任一点平衡 24h，并在此平衡条件下称重(精确到 0.1mg)，记下平衡温度和滤膜质量后，将其平放在滤膜袋内或盒内。

(3)采样：用镊子取出称过的滤膜，并将其平放在采样器采样头内的滤膜支持网上(绒面向上)，用滤膜夹夹紧。以 100L/min 的流量采样 1h，并记录采样流量和现场的温度及大气压。用镊子轻轻取出滤膜，绒面向里对折，放入滤膜袋内。

(4)称量和计算：将采样滤膜在与空白滤膜相同的平衡条件下平衡 24h 后，用分析天平称重(精确到 0.1mg)，记下质量(增量应不小于 10mg)，按下式计算 TSP 含量($\mu g/m^3$)：

$$\text{TSP 含量} = \frac{(W_1 - W_0) \times 10^9}{Q \times T} \tag{1-4}$$

式中：W_1 为采样后的滤膜质量(g)；W_0 为空白滤膜的质量(g)；Q 为采样器平均采样流量(L/min)；T 为采样时间(min)。

五、干扰与消除

(1)风力和其他气象条件会干扰测定，应控制采样流量。

(2)空气中的水分会对滤膜称重造成干扰，故称重前先将滤膜干燥以消除干扰。

(3)滤膜不能有物理损伤，否则会影响称量。

(4)聚氯乙烯带电，称量时应先用镊子碰一下天平以放电。

六、思考题

(1)滤膜前期准备时有哪些注意事项?

(2)采样时有哪些注意事项?

实验 1.4 旋风分离器性能实验

在自然界及工业生产中存在着大量的非均相物系,即有稳定相界面且界面两侧的物理性质和化学性质有差异的物系。

旋风分离器是从气流中分离出尘粒的离心沉降设备。它结构简单,价格低廉,没有运动部件,操作不受温度、压强的限制,因而可广泛作为工业生产中的除尘分离设备。本实验所采用的旋风分离器由有机玻璃制作,能加深学生对旋风分离器除尘原理的了解,并使学生学会对分离效率、粒径效率进行测定。

一、实验目的

(1)观察含粉尘的气流在旋风分离器内的运动状况。

(2)了解旋风分离器的除尘原理。

二、实验原理

含尘气体由旋风分离器上部沿切线方向的长方形通道进入,形成一个绕筒体中心向下做螺旋运动的外旋流,外旋流达到器底后又形成一个向上的内旋流,内、外旋流气体旋转方向相同。在此过程中,颗粒在离心力作用下被抛向器壁与气流分离,并沿壁面落入锥底排灰口。净化后的气体沿内旋流由顶部排气管排出。

三、实验工艺流程图及技术参数

旋风除尘装置图如图 1-1 所示,主要技术参数如下。

(1)旋风分离器由有机玻璃制成,便于观察物系在旋风分离器内的运动情况及物系的组成;粉尘加入瓶、进风管等均由不锈钢制成。

(2)风机:离心式中压风机,风量为 380m^3/h,风压为 1500Pa,功率为 550W,转速为 2800r/min。

(3)用于分离的粉尘:滑石粉或粉末硅胶。

(4)框架与控制屏均为不锈钢材质,结构紧凑,外形美观,流程简单,操作方便。

(5)外形尺寸:1100mm×450mm×1600mm。

四、实验操作步骤

(1)了解该实验的工艺流程,称量粉尘的质量 m 以及产品接受瓶的空瓶质量 m_0。

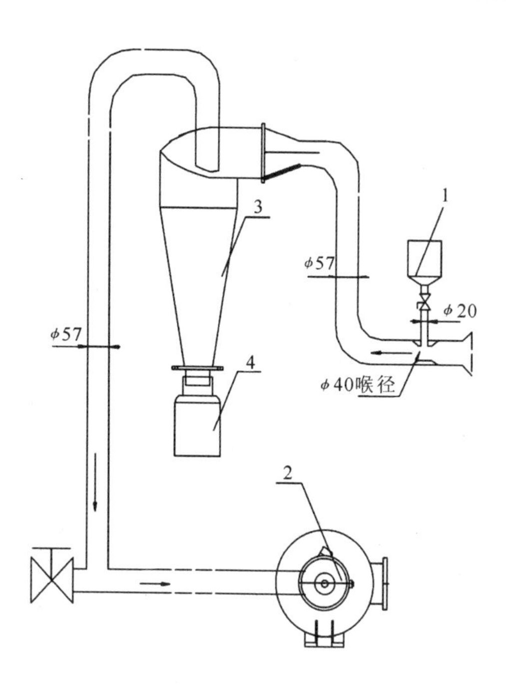

1. 粉尘加入瓶；2. 风机；3. 旋风分离器；4 产品接受瓶。

图 1-1　旋风除尘装置图

(2)打开电源开关后再开风机开关。

(3)打开粉尘入口，将粉尘加入后盖好(如果加料的速度较慢，则可以轻轻拍打粉尘加入口的外表面)，观察其在旋风分离器内的运动形态。

(4)将产品接受瓶与里面的粉尘一同称重，记下读数。

(5)通过细小的硅胶粒子无法被分离，而是与净化气一起从顶部排气口排出这一现象，学生加深对临界粒径的理解。

五、思考题

(1)叙述旋风分离器的工作过程。

(2)分析影响旋风除尘器效率的因素。

实验 1.5　袋式除尘器性能实验

一、实验目的

(1)通过本实验，进一步提高对袋式除尘器结构形式和除尘机理的认识。

(2)掌握袋式除尘器的基本操作方法。

二、实验原理

袋式除尘器是过滤式除尘器的一种，是使含尘气流通过过滤材料将粉尘分离捕集的装置。这种装置主要采用纤维织物作为滤料，常用在工业尾气的除尘方面。它的除尘效率一般可达99%以上。虽然它是最古老的除尘设备之一，但它效率高、性能稳定可靠、操作简单，因而获得越来越广泛的应用。

袋式除尘器主要工作原理：含尘气流从进气管进入，从下部进入圆筒形滤袋，在通过滤料的孔隙时，粉尘被捕集于滤料上，透过滤料的清洁气体由排气管排出。沉积在滤料上的粉尘，可在振动作用下从滤料表面脱落，落入灰斗中。因为滤料本身网孔较大，因而新鲜滤料的除尘效率较低，粉尘因截流、惯性碰撞、静电和扩散等作用，逐渐在滤袋表面形成粉尘层，常称为粉尘初层。粉尘初层形成后，它成为袋式除尘器的主要过滤层，提高了除尘效率。滤布具有支撑骨架的作用，但随着粉尘在滤袋上积聚，滤袋两侧的压力差增大，会把有些已附在滤料上的细小粉尘挤压过去，使除尘效率显著下降。另外，若除尘器阻力过高，除尘系统的处理气量会显著下降，影响生产系统的排风效果。因此，当除尘器阻力达到一定数值后，要及时清灰。

三、设备及用具

袋式除尘器装置见图1-2。图1-2中系统情况如下：

(1)透明有机玻璃进气管段1副，配有动压测定环，与数据采集系统配合使用可测定入口管道流速和流量。

(2)自动粉尘加料装置(采用调速电机)，用于配制不同浓度的含灰气体。

(3)入口管段采样口，数据采集系统在此测定入口气体粉尘浓度。

(4)袋式除尘器入口、出口测压环与数据采集系统一道用来测定袋式除尘器的压力损失。

(5)有机玻璃制袋式除尘器(含涤纶针刺毡覆膜滤袋、振动清灰电机及卸灰斗)。

(6)风量调节阀，用于调节系统风量。

(7)高压离心通风机，为系统运行提供动力。

(8)仪表电控箱，用于系统的运行控制。

(9)数据采集系统，用于实验参数的测定、记录。

配套实验装置包括有机玻璃外罩袋式除尘器1套、粉尘配灰装置1套、粉尘卸灰装置1套、接灰斗1套、透明有机玻璃进灰管段1副、排气管道1副、高压离心风机1套、1.1kW电机1台、清灰振打电机1台、数据采集系统1套、风量调节阀1套、测压孔1组、采样口2组、仪表电控箱1只、电压表1只(220V)、漏电保护开关1套、按钮开关3只、电源线、不锈钢支架1套等。

利用加灰量与除下尘增量计算效率时，需配套设备：感量0.1g天平；如采用手工测定流量和通过烟尘采样测试装置测定入口、出口浓度，还需配备数字式微压计1台、300mm不锈钢皮托管1根、烟尘采样测试装置、分析天平、烘箱、玻璃干燥器等。

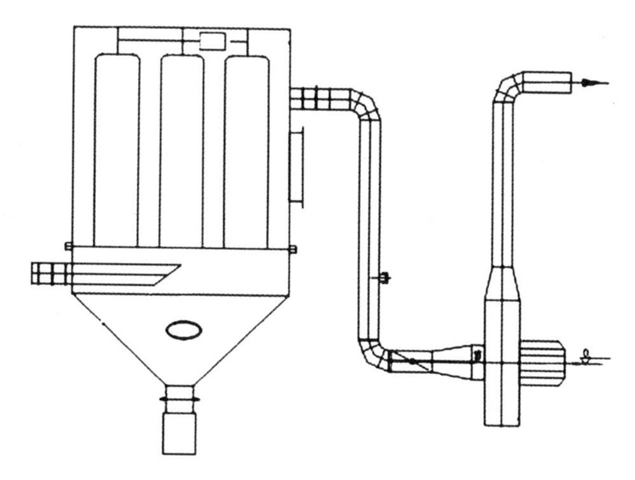

图 1-2 袋式除尘器装置图

四、实验步骤

(1)检查设备系统外况和全部电气连接线有无异常(如管道设备有无破损、灰斗接口连接是否正常等),一切正常后开始操作。

(2)打开电控箱总开关,合上触电保护开关,启动数据采集装置。

(3)在风量调节阀关闭的状态下,启动电控箱面板上的主风机开关。

(4)观察数据采集系统显示读数,通过风量调节开关调节至所需的实验风量。

(5)将一定量的粉尘加入自动发尘装置灰斗,然后启动自动发尘装置电机,并调节转速以控制加灰速率。

(6)数据采集系统分别对 2 台除尘器入口、出口气流中的含尘浓度进行测定记录,并记录该工况下 2 台除尘器的压力损失[也可通过计量加入的粉尘量和捕集的粉尘量(卸灰装置实验前后的增重)来估算除尘效率]。

(7)实验过程中观察袋式除尘器两端压差读数变化,当除尘器压力阻损上升到 1000Pa 时,可在主风机正常运行的情况下启动振打电机 2min 进行清灰即可,振打电机的启动频率取决于气流中的粉尘负荷。

(8)当在处理风量较大的运行工况,采用以上方式清灰后袋式除尘器压降仍继续上升到 1500Pa 以上时,须关闭发尘装置和风机,停止进气,振打滤袋 5min,使布袋黏附粉尘脱落、下落到灰斗。然后重新开启风机进气,调节系统流量,重新发尘,使除尘系统重新开始工作。

(9)实验完毕后,依次关闭发尘装置、主风机,然后启动袋式除尘器振打电机进行清灰 5min,待设备内粉尘沉降后,清理卸灰装置。

(10)关闭数据采集系统和控制箱主电源。

(11)检查设备状况,没有问题后离开。

五、实验数据及处理

(1)按表 1-3 记录实验数据。

表 1-3　袋式除尘器入口、出口废气流量及含尘浓度测定实验记录表

第________组;姓名________;实验日期________。

编号		流量/($m^3 \cdot s^{-1}$)	滤筒初重/g	滤筒总重/g	烟尘浓度/($mg \cdot L^{-1}$)	过滤速度/($m \cdot min^{-1}$)	除尘效率/%	压力损失/Pa
1	入口							
	出口							
2	入口							
	出口							
3	入口							
	出口							
4	入口							
	出口							

(2)计算除尘效率。

六、注意事项

(1)必须熟悉仪器的使用方法。

(2)注意及时清灰。

(3)长期不使用装置时,应将装置内的灰尘清干净,放在干燥、通风的地方。如果再次使用,要先将装置内的灰尘清干净再使用。

(4)滤袋使用一定时间后要更换。

七、思考题

(1)过滤式除尘器有哪些?袋式除尘器有什么优势?

(2)影响袋式除尘器除尘效率的因素主要有哪些?

实验 1.6　文丘里洗涤器性能实验

一、实验目的

(1)掌握文丘里洗涤器的结构形式和除尘机理。

(2)熟悉管道中气体流速和流量的测定方法。

(3)了解文丘里洗涤器的压力损失和除尘效率的测定。

二、实验原理

湿式除尘器是使含尘浓度气体与液体密切接触，利用水滴和颗粒的惯性碰撞及其他作用捕集粉尘的装置。文丘里洗涤器是一种高效高能耗湿式除尘器，含尘气体以高速通过喉管，水在喉管处被注入并被高速气流雾化，尘粒与液(水)滴之间相互碰撞使尘粒沉降。这种洗涤器结构简单，对0.5～5 μm尘粒的除尘效率可达99%以上，但压降、能耗较大。该洗涤器常用于高温烟气降温和除尘，改进后的文丘里洗涤器的形式有很多，应用也很广泛。文丘里洗涤器主要由文丘里管(简称文氏管)和脱水器两部分组成。文氏管由进气管、收缩管、喷嘴、喉管、扩散管、连接管组成(图1-3)。脱水器也叫除雾器，上端有排气管，用于排出净化后的气体；下端有排尘管道接沉淀池，用于排出泥浆。

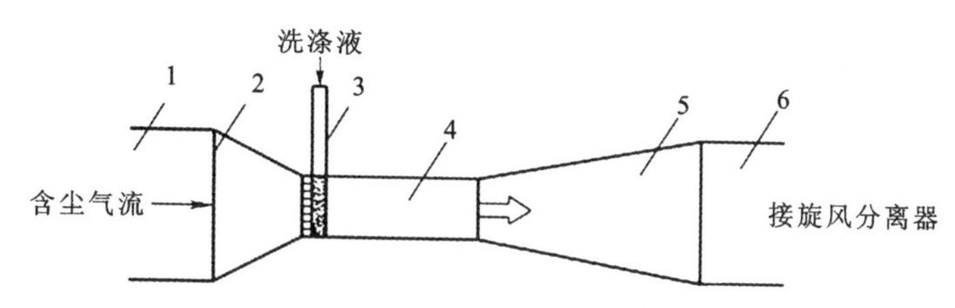

1.进气管；2.收缩管；3.喷嘴；4.喉管；5.扩散管；6.连接管。

图1-3 文氏管组成示意图

三、实验装置及流程

文丘里洗涤器性能实验装置从右向左说明如下：

(1)透明有机玻璃进气管段1副，配有动压测定环，与微压计配合使用可测定进口管道流速和流量。

(2)粉尘加料斗，用于配制不同浓度的含灰气体。

(3)入口管段采样口，用于入口气体粉尘采样，也可利用皮托管和微压计在此处测定管道流速。

(4)文丘里洗涤器入口、出口测压环，与U型压差计一道用来测定文丘里洗涤器的压力损失。

(5)文丘里洗涤器是气体中颗粒物与洗涤液接触的主要场所，包括有机玻璃主体、文丘里喉管、洗涤液进液装置。

(6)有机玻璃离心脱水筒，顶部配有除沫器，用于气液分离，底部设有洗涤液循环储箱。

(7)洗涤液循环槽系统，用来储存、循环洗涤液。它的结构组成如下：储液槽、进水口及阀；溢流口、放空口加上管道和阀门组成的排液系统；不锈钢水泵、控制阀、流量计组成的循环液系统。

(8)出口管段采样口，用于出口气体粉尘采样，也可利用皮托管和微压计在此处测定管道流速。

(9)脱水器，进一步脱除除尘器出口中的水分。

四、操作步骤

(1)检查设备系统外况和全部电气连接线有无异常，一切正常后开始操作，打开电源开关。

(2)当储液槽内无洗涤液时，打开洗涤塔下方的储液槽进水开关，确保关闭储液箱底部的排水阀，并打开排水阀上方的溢流阀。当储水装置水量约达到总容积的 3/4 时，打开电控箱总开关，打开水泵开关，启动循环水泵。通过阀门调节并通过转子流量计可调节形成所需流量的洗涤水，使洗涤器正常运作。待溢流口开始溢流时，关闭储液箱进水开关。

(3)在风量调节阀关闭的状态下，启动电控箱面板上的主风机开关。

(4)调节风量调节开关至所需的实验风量(即调节连接入口端动压测定环的微压计显示的动压值，动压值可按实验时的温度和湿度及所需的实验入口风速计算而得，也可通过皮托管测定入口管段的动压和流速、流量)。

(5)将一定量的粉尘加入发尘装置灰斗，对除尘器入口、出口气流中的含尘浓度进行测定。

(6)长时间进行实验时最好开启调节洗涤液循环槽的进水阀和底部放空阀，保持一定程度的溢流以防止灰尘在洗涤液循环槽累积。

(7)实验完毕后依次关闭发尘装置、主风机，最后关闭循环泵。

(8)放空洗涤液循环槽，再用清水和循环泵对系统进行清洗。

(9)关闭控制电源。

(10)检查设备状况，没有问题后离开。

五、实验记录

按表 1-4、表 1-5 记录实验数据。

表 1-4　文丘里洗涤器入口、出口废气流量及含尘浓度测定实验记录表

第________组；姓名________；测定日期________；测定烟道________。

项目	大气压力/kPa	大气温度/℃	废气温度/℃	全压/Pa	静压/Pa	废气干球温度/℃	废气湿球温度/℃	废气含湿量 X_{sw}/%
废气入口								
废气出口								

表 1-5　文丘里洗涤器除尘数据

<table>
<tr><th>项目</th><th>断面平均流速/($m \cdot s^{-1}$)</th><th>断面流量/($m^3 \cdot s^{-1}$)</th><th>平均含尘浓度/($mg \cdot L^{-1}$)</th><th>除尘器的除尘效率/%</th></tr>
<tr><td>废气入口</td><td></td><td></td><td></td><td rowspan="2"></td></tr>
<tr><td>废气出口</td><td></td><td></td><td></td></tr>
</table>

六、分析和讨论

(1)文丘里洗涤器的除尘效率由哪些因素决定?

(2)实验前需要完成哪些准备工作?

实验 1.7 静电除尘器性能实验

静电除尘器的工作原理为:含有粉尘颗粒的气体通过接有高压直流电源的电晕电极和接地集尘极之间所形成的高压电场,电晕电极发生电晕放电,气体被电离,此时,带负电的气体离子在电场力的作用下向集尘极运动,运动中与粉尘颗粒相碰,则使尘粒荷以负电,荷电后的尘粒在电场力的作用下亦向集尘极运动,到达集尘极后放出所带的电子,尘粒则沉积于接地极板上,得到净化的气体通过出口排出。

一、实验目的

本实验电晕电极采用锯齿线,集尘极采用板式电极。实验过程中,控制一定浓度的含尘气体通过静电除尘器,在一定的电压下,实施除尘操作并测定电除尘器的除尘效率。实验中可引导学生自行进行实验设计,通过实验达到以下目的:

(1)理解静电除尘基本原理和工艺设计要点。

(2)熟悉实验用除尘工艺流程,掌握基本操作。

(3)了解影响静电除尘器除尘效率的主要因素,掌握静电除尘器除尘效率的测定方法。

(4)巩固关于烟气状态(温度、含湿量及压力)、烟气流速、烟气流量以及烟气含尘浓度等的测定内容。

二、实验原理

静电除尘器是利用静电力使尘粒从主气流中分离的一种设备。含尘气体在通过高压电场时发生电离,使尘粒荷电,并在电场力的作用下使尘粒沉积在集尘极上,从而将尘粒从含尘气体中分离。电除尘过程与其他除尘过程的根本区别:分离力(主要是静电力)直接作用在粒子上,而不是作用在整个气流上,这就决定了它具有分离粒子耗能小、气流阻力也小的特点。作用在粒子上的静电力由于相对较大,也能有效地捕集亚微米级的粒子。

虽然在实践中静电除尘器的种类和结构形式繁多,但是都基于相同的工作原理,其涉及悬浮粒子荷电、带电粒子在电场内迁移和捕集、将捕集物从集尘表面上清除 3 个基本过程。

高压直流电晕是使粒子荷电的最有效办法,被广泛应用于静电除尘过程。电晕过程发生于活化的高压电极和接地电极之间,电极之间的空间内形成高浓度的气体离子,含尘气流通过这个空间时,尘粒在百分之几秒的时间内因碰撞俘获气体离子而导致荷电。粒子获得的电荷随粒子大小而异,一般来说,直径为 1 μm 的粒子大约能够获得 30 000 个电子的电量。

荷电粒子的捕集是使其通过延续的电晕电场或光滑的不放电电极之间的纯净电场而实

现的。前者称为单区电除尘器，后者因粒子荷电和捕集在不同区域内完成，称为双区电除尘器。

通过振打除去接地电极上的颗粒层并使其落入灰斗，当粒子为液态时，比如硫酸雾或焦油，被捕集粒子会发生凝集并滴入下部容器内。

在电场中，粉尘的运动主要受静电力和空气动力支配，两者平衡时，尘粒可达到一个极限速度或终末速度，即驱进速度：

$$\omega = \frac{qE_p}{3\pi\mu d_p} \tag{1-5}$$

式中：ω 为尘粒的驱进速度(m/s)；q 为粒子所带电荷；E_p 为电场强度(V/m)；μ 为黏度系数(Pa·s)；d_p 为颗粒粒径(m)。

从式(1-5)中可以看出，驱进速度 ω 与尘粒的荷电量、粒径、电场强度及气体黏性有关，其方向与电场方向一致，垂直于集尘电极表面。

静电除尘器捕集效率与粉尘性质、场强、气流速度、气体性质及除尘器结构等因素有关。关于捕集效率，多采用德意希公式：

$$\eta = 1 - \exp(-\frac{A}{Q}\omega) \tag{1-6}$$

式中：Q 为气体流量(m^3/s)；A 为总集尘极板表面积(m^2)；ω 为粒子驱进速度(m/s)。

德意希公式概括地描述了效率与集尘极板表面积、气体流量和粒子驱进速度之间的关系，指明了提高电除尘器捕集效率的途径，因而被广泛应用在电除尘器的性能分析和设计中。

由于各种因素的影响，理论上按德意希公式计算的效率比实际值大得多。实际情况中，将在一定的除尘器结构形式和运行条件下测得的捕集效率代入德意希公式中反算出的驱进速度值称为有效驱进速度 ω_P。据估计，理论驱进速度是实测有效驱进速度的 2～10 倍，所以常以有效驱进速度来描述除尘器的性能，并作为确定除尘器设计的基础。计算时，用有效驱进速度来表达，称为修正的德意希公式：

$$\eta = 1 - \exp(-\frac{A}{v}\omega_p) \tag{1-7}$$

除尘效率受粉尘粒径和气流速度的影响较大。

不同粒径的粉尘荷电方式不同，所以有效驱进速度与粉尘粒径有关：①$d_p \geq 1\mu m$，粒径增加，驱进速度增加，效率增加，以场荷电为主；②$d_p \leq 0.2\mu m$，粒径增加，驱进速度降低，效率降低，以扩散荷电为主；③$0.2\mu m < d_p < 1\mu m$，粒径影响很小，两种荷电都重要。

在粒径分布不变时，气流速度增加，则效率降低。速度的选择要考虑粉尘性质、除尘器结构、经济性等，一般建议为 0.5～2.5m/s。板式电除尘器的气流速度为 1.0～1.5m/s。

三、实验装置和仪器

1. 实验装置

本实验装置如图 1-4 所示。含尘气体通过入口管道进入静电除尘器，粉尘在静电的作用下与气体分离，净化后的气体由风机经过排气管排入大气。

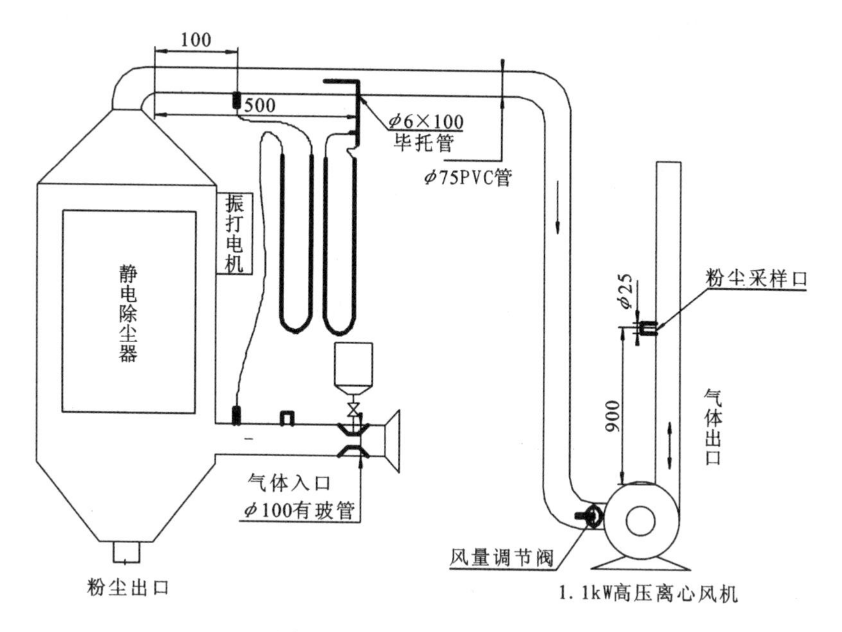

图 1-4 电除尘实验装置图

测点的流速表达式：

$$u = c\sqrt{2g\Delta h} = k\sqrt{\Delta h} \tag{1-8}$$

式中：c 为流速修正系数；g 为重力加速度；Δh 为液位差。

2. 仪器

倾斜式微压计，U 型压差计，标准皮托管，L 型皮托管，烟尘采样仪，烟尘浓度测试仪，干湿球温度计，盒式气压计，分析天平，托盘天平等。

四、实验步骤

(1)除尘器处理风量的测定。①测定室内空气干、湿球温度和相对湿度及空气压力，按理想气体状态方程式计算管内的气体密度。②启动风机，在管道断面 A 处，利用 S 型皮托管和倾斜式微压计测定该断面的静压，并从倾斜式微压计中读出静压值($F_i = \dfrac{P_i - m_{0i} - m_d}{m_c}$)，计算管内的气体流量(即除尘器的处理风量)，并计算断面的平均动压(P_d)。

(2)除尘器阻力的测定。①用 U 型压差计测量 B、C 断面间的静压差(ΔH)。②以 B、C 断面间的阻力作为除尘器的阻力进行计算。

(3)除尘效率的测定。①调节高压静电发生器的电压到 50kV，记录电流的数值。②用托盘天平称出发尘量(G_0)。③通过发尘装置均匀地加入要发的粉尘，记下发尘时间(t)，计算出除尘器入口气体中的含尘浓度(C_0)。④启动电除尘器振打清灰装置的电源，观察极板的振打清灰情况。⑤将极板振打落入除尘器灰斗的粉尘收集后称量，并记录为 G_2，计算出除尘器出口气体中的含尘浓度(C_1)。⑥计算除尘器的全效率(η)。

(4)改变调节阀开启程度,调节气体流量,不改变电压,确定除尘器在各种不同气体流速下的性能。

(5)改变电除尘器的运行电压,不改变气量,确定除尘器在各种不同电压下的性能。

五、实验结果及数据处理

(1)按表 1-6 整理实验数据。

表 1-6　静电除尘器除尘实验记录表

第________组;姓名________;实验日期________;

总集尘板面积 A ________m^2;温度________℃;相对湿度________。

编号		流量/($m^3 \cdot s^{-1}$)	滤筒初重/g	滤筒总重/g	烟尘浓度/($mg \cdot L^{-1}$)	电压/kV	除尘效率/%	驱进速度 ω/($m \cdot s^{-1}$)
1	入口							
	出口							
2	入口							
	出口							
3	入口							
	出口							
4	入口							
	出口							

(2)根据所测除尘效率,计算除尘过程中的驱进速度 ω:

$$\omega = \frac{Q}{A}\ln\frac{1}{1-\eta} \tag{1-9}$$

六、实验结果讨论

(1)电源输出电压高低对静电除尘器除尘效率有何影响?

(2)实验步骤中要求发尘量随流量的增减而相应增减,试分析其原因。

(3)根据计算出来的有效驱进速度,分析驱进速度与电压的关系。

七、注意事项

(1)确保高压脉冲电源和反应器接地。

(2)电源工作时,请勿靠近,保持 2m 以上距离,避免无关人员靠近。

(3)实验结束后,在确定控制台停止按钮亮灯之后,用放电棒泄放掉残余电压,然后进行其他操作。

(4)严格遵守电源的开机、关机顺序。电源的开机顺序为:①按启动按钮;②调节频率到所需要的数值;③调节高压到所需要的数值。电源的关机顺序是:①将高压输出归至零位;

②将频率输出归至零位；③按停止旋钮。

(5)高压脉冲电源的极限输出电压为＋50kV，工作频率为200Hz，操作过程中禁止超过电源的极限电压和频率。电源工作的一般范围为＋15～＋40kV，频率为0～180Hz。

(6)高压输出电缆(电源箱体顶部，黑色单芯)在使用时不允许接近“地”或较低电位的物体。

实验1.8　废气中二氧化硫吸附性能实验

一、实验目的

(1)了解筛板吸收塔的结构和基本流程。

(2)熟悉筛板吸收塔的操作。

二、实验原理

含有二氧化硫(SO_2)的气体可通过吸收净化。由于SO_2在水中溶解度不高，常采用化学吸收方法。本系统采用填料吸收塔，用质量分数为5％的NaOH或Na_2CO_3溶液吸收SO_2。

通过测定填料吸收塔入口、出口气体中SO_2的含量，即可近似计算出吸收塔的平均净化效率，进而了解吸收效果。通过测出填料塔入口、出口气体的全压，即可计算出填料塔的压降；通过对比清水吸收和碱液吸收SO_2，即可实验测出体积吸收系数，并认识到物理吸收和化学吸收的差异。

三、实验装置构成及作用

SO_2碱液吸收实验系统示意图如图1-5所示。具体情况如下：

(1)风机提供实验系统载气源。

(2)气体流量计，计量载气流量。

(3)SO_2气体钢瓶1套，与玻璃转子流量计配合用于配制所需浓度的入口SO_2气体。

(4)SO_2进气三通接口，SO_2气体向载气的注入口。

(5)气体混合缓冲柜，SO_2与载气在此充分混合，使得输出气体中SO_2浓度相对恒定。

(6)混合气体主流量计，计量进入吸收塔的气体量。

(7)混合气体主流量计上方设有入口气体采样测定孔(自配浓度分析仪)，上面为一个三通接口，三通接口向上管路为旁路管，用于实验开始阶段调节实验工况(如调节入口气体浓度、流量等)，向下管路为吸收塔进气管，进气与旁路通过阀门切换。

(8)填料吸收塔，有机玻璃制三段填料吸收塔，每段配有气体采样口，配吸收液喷淋装置，最上部为除雾层。

(9)吸收塔顶部排气管，该管设有一带阀门的出口气体采样管口。

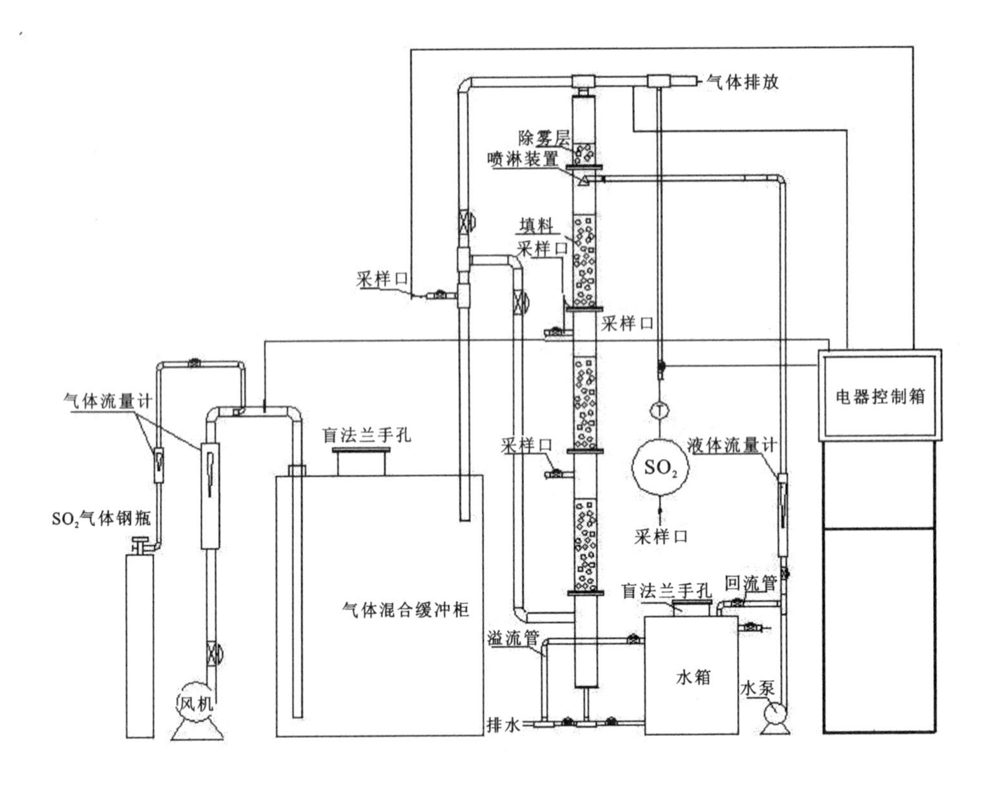

图 1-5 SO_2碱液吸收实验系统示意图

(10)吸收液循环槽系统,包括:储液槽;进水口及阀;吸收液注加及维护手孔;溢流口、放空口加上管道和阀门组成的排液系统;不锈钢水泵(通过控制箱面板按钮控制运行)、控制阀、流量计组成的循环液系统。该系统用来准备吸收液,储存、循环吸收液。

(11)电器控制箱,用于系统的运行控制。

技术参数:

(1)环境温度:5～40℃。

(2)设计实验气量:1.6～16m^3/h。

(3)填料塔:D =100mm,H =2000mm。

四、操作步骤

(1)检查设备系统外况和全部电气连接线有无异常(如管道设备有无破损等),一切正常后开始操作。

(2)打开电控箱总开关,合上触电保护开关。

(3)当储液槽内无吸收液时,打开吸收塔下方储液槽进水开关,确保储液箱底部的排水阀关闭,并打开排水阀上方的溢流阀(如果有的话)。如需要采用碱液吸收,则先从加料口加入一定量吸收剂的浓溶液或固体,然后通过进水阀进水稀释至适当浓度。当储水装置水量达到总容积的约 3/4 时,启动循环水泵。开启回水阀门可将储液箱内的溶液混合均匀;开启上方连接流量计阀门可形成喷淋水循环，使喷淋器正常运作；调节阀门可控制循环液流量。待溢流口开始溢流，关闭储液箱进水开关。

(4)通过阀门切换，使气体通道处于旁路状态，然后通过控制面板按钮启动主风机，调节管道阀门至所需的实验风量(由于旁路系统阻力较小，故可将此时的风量调节为稍大于预计的实验风量)。

(5)将 SO_2 测定仪密闭连接到气体入口采样管口，采样阀处于开通状态。

(6)在风机运行的情况下，首先确保 SO_2 钢瓶减压阀处于关闭状态，然后小心拧开 SO_2 钢瓶主阀门，再慢慢开启减压阀。通过观察转子流量计刻度读数和入口处 SO_2 测定仪所指示的气体 SO_2 浓度，调节阀门至所需的入口浓度(稍小于实验设定的入口浓度)。

(7)调节循环液至所需流量，通过气体管线阀门切换，关闭旁路，打开吸收塔入口管道，开始实验(通常 SO_2 的入口浓度设定为 $1000\sim3000mg/Nm^3$)。入口和出口气体中的 SO_2 浓度可通过采样口测定。通过U型压力计连接吸收塔出入口处的采样口可读出各工况下的吸收设备压降(注意：在不更新吸收液的情况下，吸收效率可能随实验时间的增加而下降)。

(8)可通过循环回路所设阀门调节循环液流量进行不同液气比条件下的吸收实验。也可通过调节吸收液的组分和浓度进行实验。

(9)吸收实验操作结束后，先关闭 SO_2 气瓶主阀，待压力表指数回零后关闭减压阀，然后依次关闭主风机、循环泵的电源。在较长时间不用的情况下，打开储液箱和填料塔底部的排水阀以排空储液箱及填料塔。

(10)关闭控制箱主电源。

(11)检查设备状况，没有问题后离开。

五、注意事项

(1)填料塔吸收循环液中不宜含有固体(不能采用钙盐吸收剂)，较长时间不用时需用清水洗涤。

(2)在操作过程中，控制一定的液气比及气流速度，及时检查设备运转情况，防止产生液泛、雾沫夹带现象。

六、维护与保养

设备应该放在通风干燥的地方；平时经常检查设备，有异常情况及时处理。

七、思考题

(1)如何选择液气比？

(2)液泛、雾沫夹带现象是如何产生的？怎样避免？

实验1.9 NO_x 的氨选择性催化还原性能实验

工业上常见的气-固相催化反应器分为固定床和流动床两大类，而以颗粒状固定床的应用最为广泛。固定床的优点是催化剂不易磨损而可长期使用，又因为它的流动模型最接近理想平推流，可以严格控制停留时间，能可靠地预测反应进行情况，容易从设计上保证较高的转化率。另外，反应气体与催化剂接触紧密，没有返混，从而有利于提高反应速度和减少产生催化性差的多孔物体，平推流的流动又限制了流体径向换热能力，而化学反应总伴随着一定的热效应。这些因素加在一起使固定床的传热温度控制问题成为其应用技术的关键和难点。

一、实验目的

(1)掌握 NO_x 催化还原反应进行的原理和反应条件。

(2)掌握催化剂和温度对 NO_x 脱除效率的影响。

二、实验原理

选择性催化还原脱氮(SCR-DeNO_x)是指在有氧情况下且合适的温度范围内还原剂 NH_3 在催化剂的作用下将 NO_x 有选择地还原为氮气和水，反应如下：

$$4NH_3+4NO+O_2 \longrightarrow 4N_2+6H_2O \tag{1-10}$$

$$4NH_3+2NO_2+O_2 \longrightarrow 3N_2+6H_2O \tag{1-11}$$

$$8NH_3+6NO \longrightarrow 7N_2+12H_2O \tag{1-12}$$

反应(1-10)在催化剂作用下、250～450℃、过量氧存在、氨氮比(NH_3/NO_x)为1的情况下反应进行得非常快。NO_x 脱除主要是以反应(1-10)为主。

有3种用于SCR反应的催化剂类型：贵金属催化剂、分子筛催化剂和金属氧化物催化剂。

贵金属催化剂是20世纪70年代开发的并最先用于 NO_x 还原的催化剂，目前它主要用于低温SCR及燃气发电的情况。某些贵金属催化剂具有较高的低温 NO_x 还原和CO氧化活性。该催化剂由于选择性较差和成本较高，在通常的SCR反应中被常规的金属氧化物催化剂所取代。

分子筛催化剂主要用于高温燃气热电联产厂尾气SCR净化的场合。结构上有过渡金属离子(如铁离子)的酸性分子筛在600℃的高温还具有非常高的 NO_x 脱除活性，而在此条件下，常规的金属氧化物催化剂已经变得热不稳定。

目前真正广泛使用的催化剂是以锐钛矿型二氧化钛为载体负载钒氧化物作为活性物质，辅以氧化钨或氧化钼作为助催化剂的金属氧化物催化剂。该催化剂体系具有很好的NO还原活性和较低的 SO_2 氧化率。

该反应器是在一个中空圆筒的底部放置搁板(支承板)，在搁板上堆积固体催化剂，气体由上向下通过催化剂层进行反应。整个外壳包有绝热保温层，以保证反应器与外界不进行热交换。这类反应器结构简单，反应器单位体积内催化剂量大，即生产能力大。热效应不大、允许温度有较大的变动范围的反应过程常采用此类反应器。

在气固相催化反应过程中，一般气相主体中组分浓度(或分压)、颗粒表面组分浓度、微孔内组分浓度都是不同的。而要确定本征反应速率就是要确定微孔内组分浓度与反应速率的关系。若消除了内、外扩散的影响，则气相主体中组分浓度、颗粒表面组分浓度、微孔内组分浓度相同，就容易由实验来确定本征动力学方程。

(1)消除外扩散影响的主要方法是减小外扩散阻力，使外扩散阻力小到足以忽略的程度。在该反应器内，先后装入不同质量的催化剂，在相同温度、压力、进料组成下，改变进料摩尔流率，测定相应的转化率。再作图，如果落在同一曲线上，则表明在这两种情况下，尽管有线速度的差别，但不影响反应速率，在这种实验气流下，已不存在外扩散影响；如果实验曲线分别落在不同曲线上，则表明在这种实验气流下，外扩散影响还未消除；如果实验曲线在低速率下不一致，在高流速区域才一致，则说明实验应选择在高流速区间进行。

(2)在恒定温度、压力、原始气体组成和进料流速下，装有一定质量的催化剂，仅改变催化剂颗粒直径，再测定出口转化率，以转化率对颗粒直径作图。如转化率不因颗粒直径而变，或颗粒直径减小而转化率增高，则表明有内扩散的影响。

三、实验流程图

气-固相反应流程如下：两种气体先经过流量调节阀进入混合器，再到预热器预热，最后进入反应器中反应。在加热之后温度达不到起燃温度，又或者是某些特殊反应需对固体进行气化时，需要增加气化炉。然而在实验操作中，由于处理的气量过小，经过预热的气体在管道中流动时又会被冷凝下来，导致进反应器的温度并不是测温点的温度。因此，在实验时气体将直接进入反应器，它将在反应器的上部预热，在反应器的下部进行反应。

(1)本实验装置由流量计、压力表、温控仪及电流表、缓冲罐、混合器、冷凝器、气液分离器、反应器、柜体等组成。

(2)通过可控温度仪表对上段温度、中段温度、预热温度进行调节。

(3)预热釜：不锈钢材质，约 8L。

(4)加热炉：不锈钢材质，功率为 1.5kW。

(5)反应管：ϕ20mm×600mm 不锈钢制作。

(6)气体流量计(氨气和氮氧化物)：0.1～1L/min，数量 2 个。空气流量计 40～400L/h，数量 1 个。

(7)压力表：0～0.6MPa。

(8)电控柜：在其上可以读出实验所测得的数据，并对其进行操作。按下开关旋钮，相应的指示灯会亮。

四、实验操作步骤

(1)检查各设备是否完好、热电偶有无脱落，再开始实验。

(2)在反应器内填充一定量的催化剂(从加热炉中取出反应器，拧动上面的螺帽，放入一定量的催化剂)。

(3)打开电源开关，开启加热开关。

(4)实验中的氮氧化物和氨气(按 1∶1 体积比)与空气混合后输送并计量其流量，然后输入混合预热器。

(5)使混合预热器温度达到100℃,反应温度达到400℃左右,使之稳定。

(6)混合后的气体进入反应器中,开始反应,反应过程中控制好反应温度。

(7)未反应完全的物料再次通过反应器继续反应。

(8)反应开始,每隔10~20min读取一次数据,将从分离器中得到的粗产品放入量筒内。然后取样分析。分析粗产品的脱氮率。

(9)结束后,停止加物料,停止加热。

五、数据记录及处理

(1)在表1-7中记录实验数据并处理。

表1-7　催化转化法去除氮氧化物实验记录

第________组;姓名________;实验日期________;

相对湿度________℃;流量________L/h;NH_3:NO_x(体积比)________。

加热器温度/℃	NO/(mg·m^{-3})		NO_2/(mg·m^{-3})		NH_3/(mg·m^{-3})		冷凝水
	进气	出气	进气	出气	进气	出气	pH值
200							
250							
300							
350							
400							
450							
500							

(2)把表1-7中的浓度数据换算成摩尔浓度(mmol/m^3)。

(3)计算氮氧化物去除率:

$$\eta=\frac{c_t-c_0}{c_0}\times100\% \tag{1-13}$$

式中:η为NO、NO_2或总氮氧化物去除效率;c_0为NO、NO_2或总氮氧化物入口浓度(mmol/m^3);c_t为t时刻所测NO、NO_2或总氮氧化物出口浓度(mmol/m^3)。

(4)计算不同温度下NH_3的利用率。

(5)画出温度-去除率曲线。

(6)画出温度-氨利用率曲线。

六、思考题

(1)在实验温度范围内,分析氮氧化物去除率和温度的关系。

(2)氨的利用率和氮氧化物去除率有什么关系?

(3)如何计算氨的理论投加量?

(4)常用氮氧化物催化转化的催化剂有哪些?

(5)分析入口、出口气体取样点的合理取样位置。

七、注意事项

(1)实验中应该严格防止氮氧化物和氨气泄漏。

(2)钢瓶操作时应缓慢开启并仔细查漏,如果有泄漏现象,应快速关闭钢瓶总阀。

(3)实验进行一段时间以后,应防止催化转化反应器内催化剂失活。当去除率数据相差较大时,在排除其他原因的基础上,应对催化剂进行更换或再生。

(4)在反应过程中,严格控制反应温度,避免超温现象造成催化剂失活,使催化剂的寿命缩短。

(5)在操作过程中严格按照实验所需的步骤进行操作。

(6)实验完毕后,要通入与仪器管路残留物无化学反应的气体,进行置换,避免实验残留物堵塞仪器管路。

实验 1.10　生物洗涤塔净化挥发性有机物性能实验

一、实验目的

本实验设计了生物洗涤塔,用于净化挥发性有机物(VOCs),可进行配气、净化和检测操作。学生通过实验现象观察和实验数据分析,熟悉生物法降解挥发性有机物的系统设备和工艺流程,进一步提高对生物法控制挥发性有机物原理的理解,掌握实验的基本操作技能和挥发性有机物的检测方法。

二、实验原理

生物净化技术利用附着在滤料介质中的微生物,在适宜的环境条件下,以废气中的有机成分作为碳源和能源来维持其生命活动,并将有机物分解为二氧化碳、水、无机盐和生物质等无害物质。

生物法是一种经济有效、环境友好的 VOCs 治理方法,主要适用于低浓度有机废气的治理。按照传统生物膜理论,生物法处理有机废气一般要经历以下步骤:废气中的有机污染物与水接触,并溶解于靠近气-水界面的液膜中;溶解于液膜中的有机污染物在浓度差的推动下进一步扩散到生物膜,继而被微生物捕获并吸收;微生物以有机物为能源和碳源进行生长代谢,从而将其分解为简单无毒的无机物(如 CO_2 和 H_2O)和低毒的有机物;生物代谢产物一部分重新回到液相,一部分气态物质(如 CO_2)脱离生物膜通过扩散进入大气。依据该理论,生物净化有机气体的速率主要取决于气相和液相中有机物的扩散速率及生化反应速率。废气的生物净化过程和废水的生物净化过程的最大区别在于:气态污染物要经历由气相转移到液相或固体表面的液膜中的传质过程,然后污染物才在液相或固相表面被微生物降解。

目前,主要的生物净化工艺有生物过滤、生物洗涤和生物滴滤。一般认为,对于亨利系数较低($H_c<0.01$)、易溶于水的污染物,适宜用生物洗涤法;亨利系数较高($H_c>1$)、难溶于水的污染物,适宜用生物过滤法;亨利系数介于两者之间($0.01<H_c<1$)的污染物,则可以选用生物滴滤塔进行处理。而当污染物的亨利系数大于10时,极难溶于水,则不适宜用生物法处理。

生物过滤法是指将湿化的有机废气通入填充有填料(如土壤、堆肥、泥煤、树皮、珍珠岩、活性炭等)的生物过滤器中,与在填料上附着生长的生物膜(微生物)接触,被微生物所吸附降解,最终转化为简单的无机物(如 CO_2、H_2O、SO_4^{2-}、NO_3^- 和 Cl^- 等)或合成新细胞物质,处理后的气体再从生物过滤器的另一端排出。

生物洗涤法利用由微生物、营养物和水组成的微生物吸收液处理有机废气,适合去除可溶性有机废气。吸收了废气的微生物混合液再进行好氧处理,去除液体中吸收的污染物,经处理后的吸收液再重复使用。在生物洗涤法中,微生物及其营养物配料存于液体中,气体污染物通过与悬浮液的接触转移到液体中,从而被微生物降解。

生物滴滤法处理 VOCs 的原理与生物过滤法基本相同,它是介于生物过滤法与生物洗涤法之间的一种生物处理技术。生物滴滤反应器中一般填充惰性填料,如陶瓷、碎石、珍珠岩、塑料材质填料等,在此系统中,填料仅为微生物提供一定的附着表面。废气同生长在惰性填料上的生物膜(微生物)接触,从而被生物降解。

虽然生物法在处理挥发性有机废气方面有很多的优点和好处,但生物法所能承载的污染物负荷不能太高,因而一般占地面积较大。另外,我们对于气态污染物生物进化的机制了解还不充分,设计和运行基本还停留在凭借经验和现场实验获取数据的水平,造成一些设备的运行不稳定。

三、实验装置及仪器、试剂

1. 实验装置

实验装置如图1-6所示,生物洗涤塔由内径为120mm、高为800mm的有机玻璃组成,塔底有气体分布器,液体有效高度为650mm,有效体积约为6L,塔内布置有微生物附着毛刷,在实验正式开始前需要先进行微生物培养、驯化。

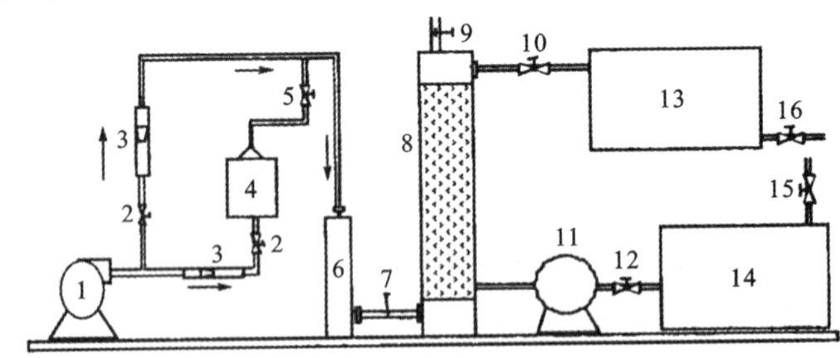

1. 鼓风机;2. 进气流量控制阀门;3. 气体流量计 4. 甲苯发生器;5. 甲苯发生器出口阀;6. 缓冲罐;7. 进口取样点(c_0);8. 接触氧化生物洗涤塔;9. 净化气体出口取样点;10. 生物洗涤塔出水阀;11. 营养液进液泵;12. 营养液进液阀;13. 洗涤塔出水收集槽;14. 营养液储备槽;15. 营养液储备槽进液阀;16. 出水收集槽排水排泥阀。

图1-6 实验装置示意图

2. 仪器、试剂

手动气体采样器；甲苯快速检测管；酸度计1台；COD(化学需氧量)快速测定仪1台；200mL烧杯5个；100mL量筒3个；甲苯；尿素，葡萄糖，磷酸二氢钾。

四、实验步骤

(1)实验前预备(由实验准备人员负责完成)。实验前需进行生物洗涤塔内生物膜挂膜：配制一定量的营养液，选取一定体积培养好的微生物混合液；开启鼓风机，把微生物混合液倒入生物洗涤塔内，调节鼓风机出口气体流量，进行适量曝气；间隔一定时间添加一定的营养液，即进行营养液添加操作：将配制好的营养液倒入营养液循环槽，开启营养液进液阀门和生物洗涤塔出水阀(定期操作)，一般挂膜需要1周时间；约10天后开始驯化，驯化时将甲苯作为碳源，逐步替代葡萄糖，驯化20天左右；挂膜驯化过程中应注意生物膜的厚度和生物洗涤塔内悬浮物的浓度，挂膜驯化完成后在无实验开展时，仍需进行维护(补充水，排泥，添加营养物)，鼓风机一直处于开启状态，使系统一直处于备用状态，备用时鼓风机进气流量可适当调小。

(2)甲苯气体配气操作与实验1.8相关操作相同。

(3)调节鼓风机主进气流量(50～200L/min)。

(4)开启甲苯发生器前进气阀，将甲苯(分析纯)试剂置入鼓泡瓶，鼓泡口低于液面高度；小股流量进入鼓泡瓶带出甲苯蒸气，进入缓冲罐稀释获得低浓度甲苯废气。鼓泡瓶置于超级恒温水浴槽内，根据不同废气浓度选择不同的水浴温度。

(5)每间隔10min取样监测生物洗涤塔入口、出口气体甲苯浓度并记录。

(6)每间隔10min取生物洗涤塔内液体样品，测pH值和COD值。

(7)实验结束时，依次关闭甲苯发生器出口、入口阀门。

(8)按需要进行营养液添加操作。

(9)按需要调节主气管气体流量。

(10)排空出水收集槽。

五、实验数据记录及处理

(1)按表1-8整理实验数据。

表1-8　生物洗涤净化甲苯废气实验记录

第________组；姓名________；实验日期________；温度________℃；流量________L/h。

样品号	甲苯浓度/($mg \cdot m^{-3}$)		生物洗涤塔液相		
	进气	出气	pH值	COD	MLVSS
1					
2					
3					

续表 1-8

样品号	甲苯浓度/(mg·m^{-3})		生物洗涤塔液相		
	进气	出气	pH 值	COD	MLVSS
4					
5					
6					

(2)计算甲苯的去除率。

$$\eta = \frac{c_t - c_0}{c_0} \times 100\% \tag{1-14}$$

式中：η 为甲苯去除率(%)；c_0 为甲苯入口浓度(mg/m^3)；c_t 为 t 时刻所测洗涤塔出口气体甲苯浓度(mg/m^3)。

①绘制甲苯去除率随时间的变化曲线。

②绘制洗涤塔内液相 pH 值和 COD 变化曲线。

(3)表征生物洗涤塔降解性能的关键参数是比降解速率，它直接反映了装置内微生物对有机物的降解能力和有机物的活性。比降解速率越大，表明微生物对有机物的降解能力越强。比降解速率(γ)的计算公式如下：

$$\gamma = \frac{Q(\rho_{\text{in}} - \rho_{\text{out}})}{XV} \tag{1-15}$$

式中：γ 为比降解速率(h^{-1})；ρ_{in}为有机物进口质量浓度(mg/m^3)；ρ_{out}为有机物出口质量浓度(mg/m^3)；X 为洗涤塔内挥发性悬浮固体浓度(MLVSS)(mg/L)；V 为洗涤塔内有效体积(m^3)。

六、思考题

(1)生物洗涤塔内液相 pH 值和 COD 值随实验时间有无变化？分析变化原因和规律。

(2)生物洗涤法净化甲苯废气的制约因素有哪些？如何克服？

(3)鼓风机在系统待用情况下需要小气体流量运行，为什么？

七、注意事项

(1)实验中应严格防止甲苯泄漏，若发生泄漏，应先关闭甲苯发生器入口气体阀。

(2)甲苯配气浓度控制应同时考虑主、支气管气体流量和水浴温度。

(3)应定期对生物洗涤塔内生物膜进行维护，控制微生物总量。

实验 1.11　粉尘粒径分布实验

通风与除尘中所研究的粉尘都是由许多大小不同粉尘粒子组成的聚合体。粉尘的粒径分布也叫分散度——粉尘中各种粒径或粒径范围的尘粒所占的百分数。以数量统计形式表征的粉尘粒径分布称为粉尘粒径数量分布；以质量统计形式表征的粉尘粒径分布称为粉尘粒径质量分布。

粉尘的粒径分布不同，其对人体产生的危害以及除尘的机理也都不同，掌握粉尘的粒径分布是进行除尘器设计和研究的基本条件。

一、实验目的

(1)掌握使用移液管法测定粉体粒度分布的原理和方法。

(2)加深对斯托克斯(Stokes)颗粒沉降速度方程的理解，灵活运用该方程。

(3)根据粒度测试数据，能做出粒度累积分布曲线主频率分布曲线。

二、实验原理

本实验使用液体重力沉降法(安德逊移液管法)来测定分析粉尘的粒径分布。

液体重力沉降法的原理：不同大小的粒子在重力作用下，在液体中的沉降速度各不相同。粒子在液体(或气体)介质中作等速自然沉降时所具有的速度，称为沉降速度，其大小可以用斯托克斯公式表示：

$$v_t = \frac{(\rho_p - \rho_L) g d_p^2}{18\mu} \tag{1-16}$$

式中：v_t为粒子的沉降速度(cm/s)；μ 为液体的动力黏度[g/(cm · s)]；ρ_p为粒子的真密度(g/cm^3)；ρ_L为液体的密度(g/cm^3)；g 为重力加速度($9.81m/s^2$)；d_p为粒子的直径(cm)。

由式(1-16)可得

$$d_p = \sqrt{\frac{18\mu v_t}{(\rho_p - \rho_L) g}} = \sqrt{\frac{18\mu H}{(\rho_p - \rho_L) g t}} \tag{1-17}$$

这样，粒径便可以根据其沉降速度求得。沉降速度是沉降高度与沉降时间的比值，以此替换沉降速度，使式(1-17)变为

$$t = \frac{18\mu H}{(\rho_p - \rho_L) g d_p^2} \tag{1-18}$$

式中：H 为粒子的沉降高度(cm)；t 为粒子的沉降时间(s)。

粒子在液体中的沉降状态可用图 1-7 表示。粉样放入玻璃瓶内某种液体介质中，经搅拌后，均匀地扩散在整个液体中，如图 1-7 中状态甲所示。经过 t_1后，因重力作用，悬浮体由状态甲变为状态乙。在状态乙中，直径为 d_1的粒子全部沉降到实线以下，由状态甲变到状态乙，所需时间为 t_1。由式(1-18)可得：

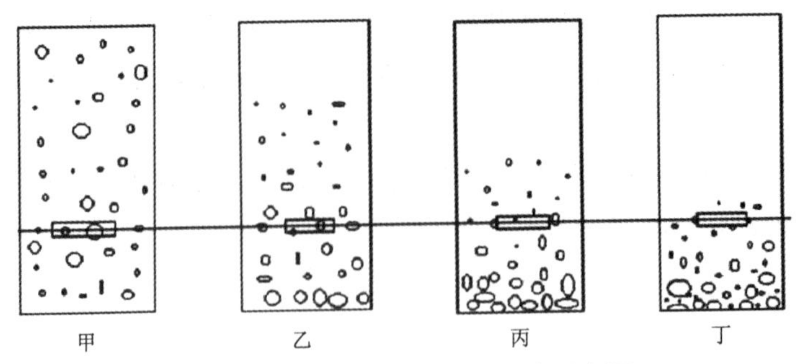

图 1-7　粒子在液体中的沉降状态示意图

$$t_1 = \frac{18\mu H}{(\rho_p - \rho_L) g d_1^2} \tag{1-19}$$

粒径为 d_2 的粒子全部沉降到实线以下(即达到状态丙)所需时间为

$$t_2 = \frac{18\mu H}{(\rho_p - \rho_L) g d_2^2} \tag{1-20}$$

同理

$$t_i = \frac{18\mu H}{(\rho_p - \rho_L) g d_i^2} \tag{1-21}$$

根据上述关系,将粉体试样放在一定液体介质中,自然沉降,经过一定时间后,不同直径的粒子将分布在不同高度的液体介质中。根据这种情况,在不同沉降时间、不同沉降高度上取出一定量的液体,称量出所含有的粉体质量,便可以测定出粉体的粒径分布。

三、仪器与材料

液体重力沉降瓶(图 1-8)、称量瓶、恒温水浴锅,分析天平、烘箱、干燥器、秒表、温度计、烧杯、1000mL 及 100mL 量筒等。

分散液:六偏磷酸钠(相对分子质量为 611.8)水溶液,浓度为 0.003mol/L。

粉尘:滑石粉,真密度为 2.7g/cm^3。

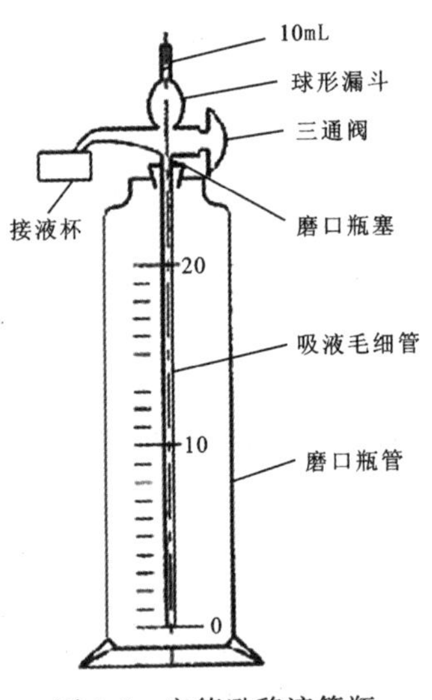

图 1-8　安德逊移液管瓶
(注射容积为 20mL)

四、实验步骤

(1)沉降瓶有效容积 V 的检定。①加水至略低于沉降瓶标线处,用温度计测定水温并记录。②插入吸液管,并使三通旋塞置于吸液状态,调节水面准确到 20cm 标线。③取出吸液管,将沉降瓶中的水移至 1000mL 量筒中,测定体积 V 。

(2)吸液一次液面下降高度 Δh 的标定。①与步骤(1)的①和②相同。②用吸液管连续 n 次抽吸、排液,记录相应液面下降总高度 H_n,则每次吸液后,液面下降高度 $\Delta h = H_n / n$ 。

(3)测定移液管有效长度——20cm 标线至底部的长度。

(4)将粉样按粒径大小分组(如 50～40mm、40～30mm、30～20mm、20～10mm、10～5mm),按式(1-20)计算出每组内最大粉粒由液面沉降到移液管底部所需的时间,即为该粒径的预定吸液时间,并记录数据。

(5)悬浊液的制备与装入。①称取约 6g 干燥过的粉体,精确至 1/10 000g,放入烧杯中,先向烧杯中加入 50～100mL 的分散液,使粉体全部润湿后,再加液到 300mL 左右。②把悬浊液搅拌 15min 左右,倒入沉降瓶中,把移液管插入沉降瓶中,然后由通气孔继续加分散液直到零刻度线(即 600mL)为止。

(6)测定。①一手持沉降管底,另一手执其上部,并用手指堵住通气孔,上下振荡沉降管,并时而倾倒振荡,持续 2～3min。振荡终了时,迅速反复倾倒,然后置于平台上,按下秒表,作为沉降开始时刻($t=0$)。②按步骤(4)计算出的预定吸液时间进行吸液。匀速向外拉注射器,使液体沿移液管缓缓上升至 10mL 刻度线,立即关闭活塞,使液体和排液管相通,匀速向里推注射器,使 10mL 液体被压入已称重的称量瓶(注意要先编号)内。然后由排液管吸蒸馏水冲洗 10mL 容器,冲洗水排入称量瓶中,冲洗 2～3 次。按上述步骤根据计算的预定吸液时间依次操作,直至最小粒径为止。③试样的干燥和称量。把全部称量瓶放入电烘箱中,在低于 100℃的温度下烘干,然后置于干燥器内,冷却至常温,取出称量。

(7)吸液应注意以下问题:①每次吸 10mL 样品要在 15s 左右完成,则开始吸液时间应比计算的预定吸液时间提前 0.5×15=7.5(s)。②每次吸液应力求为 10mL,太多或太少的样品应作废。③吸液应匀速,不允许移液管中液体倒流。④向称量瓶中排液时,应防止液体流出。

五、数据记录与处理

1. 数据记录

将测定实验数据记录于表 1-9、表 1-10 中。

表 1-9　吸液管检定、试样及分散液物性

沉降管	沉降管有效容积 V/mL	
	吸液一次液面下降高度 Δh/cm	
	沉降管中吸液管有效长度/cm	
试样	试样名称	
	真密度/(g·cm^{-3})	
	试样质量/mg	
分散液	分散剂名称	
	分散液温度/℃	
	分散液黏度/(g·cm^{-1}·s^{-1})	
	分散剂浓度/(g·L^{-1})	
	10mL 分散液含分散剂质量 m_d/g	

表 1-10 测试结果

项目	抽吸次数					
	1	2	3	4	5	6
沉降高度 H_i /cm						
粒径 d_i /μm	50	40	30	20	10	
沉降时间 t_i /s						
称量瓶编号						
空称量瓶质量 m_{0i} /g						
试样烘干后称量瓶质量 P_i /g						
称量瓶增重($P_i - m_{0i}$)/g						
粉体试样质量 ($m_i = P_i - m_{0i} - m_d$) /g						
筛下累积百分数 F_i /%						

2. 数据处理

各粒径的筛下累计百分数按下式计算：

$$F_i = \frac{P_i - m_{0i} - m_d}{m_c} \tag{1-22}$$

式中：F_i 为粒径为 d_i 的粉尘的筛下累计百分数(%)；m_c为 10mL 原始样液的含尘量(g)。

根据表 1-11 做出质量累积频率分布曲线和质量密度分布曲线(可用 Excel 处理)。

表 1-11 水的黏度表 单位：$\times 10^{-3}$ Pa·s

温度/℃	0	1	2	3	4	5	6	7	8	9
0	1.787	1.728	1.671	1.618	1.567	1.519	1.472	1.428	1.386	1.346
10	1.307	1.271	1.235	1.202	1.169	1.139	1.109	1.081	1.053	1.027
20	1.002	0.977 9	0.954 8	0.932 5	0.911 1	0.890 4	0.870 5	0.851 3	0.832 7	0.814 8
30	0.797 5	0.780 8	0.764 7	0.749 1	0.734 0	0.719 4	0.705 2	0.691 5	0.678 3	0.665 4
40	0.652 9	0.640 8	0.629 1	0.617 8	0.606 7	0.596 0	0.585 6	0.575 5	0.565 6	0.556 1

注：1P(泊)＝1g/(cm·s)＝0.1Pa·s。例如，20℃时，水的黏度为 1.002×10^{-3} Pa·s＝0.010 02g/(cm·s)。

六、思考题

为什么吸液过程中不允许吸液管内液体倒流？

实验 1.12　韶关学院大塘校区环境空气质量监测与评价实验

一、实验目的

通过实验，得出韶关学院大塘校区环境空气质量现状。

二、实验地点

韶关学院大塘校区。

三、污染源调查

韶关学院大塘校区的污染源调查。

四、实验方案设计

1. 大气环境监测因子的筛选

根据国家环境空气质量标准和校园大气污染物排放情况来筛选监测项目。SO_2是主要空气污染物之一，它能通过呼吸道进入人的气管，对局部组织产生刺激和腐蚀作用，是诱发支气管炎等疾病的原因之一，特别是当它与烟尘等气溶胶共存时，可加重对呼吸道黏膜的损伤；而NO_x 是引起支气管炎、肺损伤等疾病的有害物质；TSP(总悬浮颗粒物)是大气环境中的主要污染物。SO_2、NO_x 和 TSP 都是环境监测必测项目，测定这些项目可以及时、全面地反映环境质量现状及发展趋势，为保护人类健康和环境等服务。

2. 采样点布设

结合功能区分类以及校园的地形，按功能区划分方式布置监测网点，画出监测网点布置图。取 3～5 个监测点。监测点 1：校园正门(交通区)；监测点 2：理工楼楼顶(科研区)；监测点 3：北区宿舍(宿舍区)；监测点 4：南区教学楼(教学区)；监测点 5：西区食堂(饮食区)。

3. 监测方法

根据大气环境监测因子的筛选所确定的监测项目，按照《空气和废气监测分析方法》(国家环保总局《空气和废气监测分析方法》编委会，2007)、《环境空气质量监测规范(试行)》和《环境空气质量标准》(GB 3095—2012)所规定的采样与分析方法执行，具体方法见表 1-12。

表 1-12　环境空气质量现状监测项目及分析方法

监测项目	采样仪器	采样方法	流量/$(L \cdot min^{-1})$	采气量/L	分析方法	检测下限/$(mg \cdot m^{-3})$
SO_2			0.5	30L		
NO_x			0.3	30L		
TSP						

4. 采样时间和频率

采用短时间、间歇性采样分析方法，其中 TSP 共要求采样 4 次，SO_2和 NO_x 采样 4 次；根据大气中污染物浓度及相关标准确定相应采样时间。

5. 数据记录

(1)SO_2监测过程中采样及测试记录。

①标准曲线(相关数据及标准曲线记录在此)。

②监测数据(表 1-13)。

表 1-13　SO_2监测过程中采样及测试记录

测点	监测时间	采样时间	采样流量/($L \cdot min^{-1}$)	压力/kPa	温度/℃	A_0	$A_样$	浓度/($mg \cdot m^{-3}$)	AQI 指数

(2)NO_x 监测过程中采样及测试记录。

①标准曲线(相关数据及标准曲线记录在此)。

②监测数据(表 1-14)。

表 1-14　NO_x 监测过程中采样及测试记录

测点	监测时间	采样时间	采样流量/($L \cdot min^{-1}$)	压力/kPa	温度/℃	A_0	$A_样$	浓度/($mg \cdot m^{-3}$)	AQI 指数

(3)TSP 监测过程中采样及测试记录。TSP 采样记录及测定记录见表 1-15 和表 1-16。

五、数据处理

1. 数据整理

监测结果的原始数据要根据有效数字的保留规则正确书写，运算要遵循运算规则。在数据处理中，对出现的可疑数据，要从技术上查明原因，经验证是离群数据的应剔除。

表 1-15 TSP 采样记录

测点	监测时间	采样温度/℃	采样时间	压力/Pa	采样器编号	滤膜编号	流量/($m^3 \cdot h^{-1}$)	
							Q	Q_N

表 1-16 TSP 测定记录

测点	监测时间	滤膜编号	流量 Q_N/($m^3 \cdot h^{-1}$)	滤膜质/g		样品质量	TSP 浓度/($mg \cdot m^{-3}$)	AQI 指数
				采样前	采样后			

2. 分析结果

实验测试结果见表 1-17。

表 1-17 实验测试结果

测点	污染物	API 指数	空气质量级别	空气质量状况	对健康的影响

六、报告小结

(1)按照《环境空气质量标准》(GB 3905—2012)描述韶关学院大塘校区的大气环境质量现状。

(2)结合环境监测结果,提出改善环境状况的建议。

七、实验报告要求

(1)根据布点采样原则,选择适宜的方法进行布点,确定采样频率及采样时间,掌握测定空气中 SO_2、NO_x 和 TSP 的采样和监测方法。

(2)根据 3 项污染物监测结果,计算空气质量指数(AQI),描述空气质量状况。

(3)实验及计算能够直观地反映出韶关学院大塘校区的空气质量,同时与韶关市监测中心站韶关学院站点发布的实时数据进行对比。

2 水处理实验

实验 2.1 废水悬浮固体的测定(重量法)

一、原理

悬浮固体是指剩留在滤料上并于103～105℃烘至恒重的固体。测定的方法是将水样通过滤料后,烘干固体残留物及滤料,将所称质量减去滤料质量,即为悬浮固体(总不可滤残渣)质量。

二、仪器

烘箱、分析天平、干燥器、孔径为0.45μm的滤膜及相应的滤器或中速定量滤纸、玻璃漏斗、内径30～50mm的称量瓶。

三、测定步骤

(1)将滤膜放在称量瓶中,打开瓶盖,在103～105℃烘干2h,取出,待冷却后盖好瓶盖称重,直至恒重(两次称量相差不超过0.000 5g)。

(2)去除漂浮物后振荡水样,量取均匀适量水样(使悬浮物总质量大于2.5mg),通过步骤(1)的方法称至恒重的滤膜过滤;用蒸馏水洗残渣3～5次。如样品中含油脂,则用10mL石油醚分两次淋洗残渣。

(3)小心取下滤膜,放入原称量瓶内,将烘箱温度调至103～105℃,打开瓶盖烘2h,冷却后盖好瓶盖称重,直至恒重为止。

四、计算

悬浮固体(mL/g)计算公式如下:

$$\text{悬浮固体质量} = \frac{(A-B)\times 1000\times 1000}{V} \tag{2-1}$$

式中:A为悬浮固体+滤膜及称量瓶重(g);B为滤膜及称量瓶重(g);V为水样体积(mL)。

五、注意事项

(1)树叶、木棒、水草等杂质应先从水中除去。

(2)废水黏度高时,可加 2～4 倍蒸馏水稀释,振荡均匀,待沉淀物下降后再过滤。

(3)也可采用石棉坩埚进行过滤。

实验 2.2 化学需氧量(COD)测定

一、实验目的和要求

(1)掌握容量法、库仑滴定法测定化学需氧量的原理和技术,熟悉库仑仪的原理和操作方法。

(2)掌握有机污染物综合指标的含义及测定方法。

二、重铬酸钾法(COD_{Cr})

(一)原理

在强酸性溶液中,准确加入过量的重铬酸钾标准溶液,加热回流,将水样中的还原性物质(主要是有机物)氧化,过量的重铬酸钾用试亚铁灵作指示剂,用硫酸亚铁铵标准溶液回滴,根据所消耗的重铬酸钾标准溶液量计算水样的化学需氧量。

(二)仪器

(1)250mL 全玻璃回流装置。

(2)加热装置(电炉)。

(3)25mL 酸式滴定管、锥形瓶、移液管、容量瓶等。

(三)试剂

(1)重铬酸钾标准溶液($c_{1/6K_2Cr_2O_2}$=0.250 0mol/L)。称取预先在 120℃的温度下烘干 2h 的基准或优质纯重铬酸钾 12.258g 溶于水中,移入 1000mL 容量瓶中,稀释至标线,摇匀。

(2)试亚铁灵指示液。称取 1.485g 邻菲啰啉($C_{12}H_8N_2 \cdot H_2O$)、0.695g 硫酸亚铁($FeSO_4 \cdot 7H_2O$)溶于水中,稀释至 100mL,储于棕色瓶内。

(3)硫酸亚铁铵标准溶液[$c_{(NH_4)_2Fe(SO_4)_2 \cdot 6H_2O}$≈0.1mol/L]。称取 39.5g 硫酸亚铁铵溶于水中,边搅拌边缓慢加入 20mL 浓硫酸,冷却后移入 1000mL 容量瓶中,加水稀释至标线,摇匀。使用前,用重铬酸钾标准溶液标定。

标定方法:准确吸取 10.00mL 重铬酸钾标准溶液于 500mL 锥形瓶中,加水稀释至 110mL 左右,缓慢加入 30mL 浓硫酸,混匀;冷却后,加入 3 滴试亚铁灵指示液(约 0.15mL),

用硫酸亚铁铵标准溶液滴定，溶液的颜色由黄色经蓝绿色至红褐色即为终点。

$$c = \frac{0.250\ 0 \times 10.00}{V} \tag{2-2}$$

式中：c 为硫酸亚铁铵标准溶液浓度(mol/L)；V 为硫酸亚铁铵标准溶液用量(mL)。

(4)硫酸-硫酸银溶液。于 500mL 浓硫酸中加入 5g 硫酸银。放置 1～2d，不时摇动使其溶解。

(5)硫酸汞。结晶或粉末。

(四)测定步骤

(1)取 10.00mL 混合均匀的水样(或适量水样稀释至 20.00mL)置于 250mL 磨口的回流锥形瓶中，准确加入 5.00mL 重铬酸钾标准溶液及数粒小玻璃珠或沸石，连接磨口回流冷凝管，从冷凝管上口慢慢地加入 15mL 硫酸-硫酸银溶液，轻轻摇动锥形瓶使溶液混匀，加热回流 2h(自开始沸腾时计时)。

对于化学需氧量高的废水样，可先取上述操作所需体积 1/10 的废水样和试剂于 15mm×150mm 硬质玻璃试管中，摇匀，加热后观察是否为绿色。如溶液显绿色，可适当减少废水取样量，直至溶液不变绿色为止，从而确定废水样分析时应取用的体积。稀释时，所取废水样量不得少于 5mL，如果化学需氧量很高，则废水样应多次稀释。废水中氯离子含量超过 30mg/L 时，应先把 0.4g 硫酸汞加入回流锥形瓶中，再加 20.00mL 废水(或适量废水稀释至 20.00mL)，摇匀。

(2)冷却后，用 45mL 水冲洗冷凝管管壁，取下锥形瓶。溶液总体积不得少于 70mL，否则因酸度太高，滴定终点不明显。

(3)溶液再度冷却后，加 3 滴试亚铁灵指示液，用硫酸亚铁铵标准溶液滴定，溶液的颜色由黄色经蓝绿色至红褐色即为终点，记录硫酸亚铁铵标准溶液的用量。

(4)测定水样的同时，取 10.00mL 重蒸馏水，按同样的操作步骤做空白试验，记录滴定空白时硫酸亚铁铵标准溶液的用量。

(五)计算

COD_{Cr}(O_2，mg/L)计算公式如下：

$$COD_{Cr} = (V_0 - V_1) \times c \times 8 \times 1000/V \tag{2-3}$$

式中：V_0 为滴定空白时硫酸亚铁铵体积(mL)；V_1 为滴定水样消耗硫酸亚铁溶液体积(mL)；V 为水样体积(mL)；c 为硫酸亚铁铵标准溶液浓度(mol/L)；8 为氧(1/2)的摩尔质量(g/mol)。

(六)注意事项

(1)使用 0.4g 硫酸汞络合氯离子的最高量可达 40mg，如取用 20.00mL 水样，即最高可络合 2000mg/L 氯离子浓度的水样。若氯离子的浓度较低，也可少加硫酸汞，使 w(硫酸汞)∶w(氯离子)＝10∶1。出现少量氯化汞沉淀并不影响测定。

(2)水样取用体积可在 10.00～50.00mL 范围内，但试剂用量及浓度需按表 2-1 进行相应调整，也可得到满意的结果。

表 2-1 水样取用量和试剂用量表

水样体积/mL	0.250mol/L 重铬酸钾溶液/mL	硫酸-硫酸银溶液/mL	硫酸/g	硫酸亚铁铵/($mol \cdot L^{-1}$)	滴定前总体积/mL
10.0	5.0	15	0.2	0.050	70
20.0	10.0	30	0.4	0.100	140
30.0	15.0	45	0.6	0.150	210
40.0	20.0	60	0.8	0.200	280
50.0	25.0	75	1.0	0.250	350

(3)对于化学需氧量小于 50mg/L 的水样，应改用 0.025mol/L 重铬酸钾标准溶液，回滴时用 0.01mol/L 硫酸亚铁铵标准溶液。

(4)水样加热回流后，溶液中重铬酸钾剩余量应以加入量的 1/5～4/5 为宜。

(5)用邻苯二甲酸氢钾标准溶液检查试剂的质量和操作技术时，由于每克邻苯二甲酸氢钾的理论 COD_{Cr} 为 1.176g，所以溶解 0.425 1g 邻苯二甲酸氢钾($HOOCC_6H_4COOK$)于重蒸馏水中，转入 1000mL 容量瓶中，用重蒸馏水稀释至标线，使之成为 500mg/L 的 COD_{Cr} 标准溶液。用时新配。

(6)COD_{Cr} 的测定结果应保留 3 位有效数字。

(7)每次实验时，应对硫酸亚铁铵标准滴定溶液进行标定，室温较高时尤其须注意浓度的变化。

实验 2.3 溶解氧的测定(碘量法)

一、原理(叠氮化钠修正法)

在样品中溶解氧与刚刚沉淀的二价氢氧化锰(将氢氧化钠或氢氧化钾加入二价硫酸锰中制得)反应。酸化后，生成的高价锰化合物将碘化物氧化，游离出等当量的碘，用硫代硫酸钠滴定法测定游离碘量。

二、仪器

250～300mL 溶解氧瓶、酸式滴定管、锥形瓶、移液管等。

三、试剂

(1)硫酸锰溶液。称取 480g 硫酸锰($MnSO_4 \cdot 4H_2O$)溶于水，用水稀释至 1000mL。此溶液加至酸化过的碘化钾溶液中，遇淀粉不得变蓝。

(2)碱性碘化钾-叠氮化钠溶液。称取 500g 氢氧化钠，溶于 300～400mL 水中；称取 150g

碘化钾，溶于200mL水中；称取10g叠氮化钠，溶于40mL水中。待氢氧化钠冷却后，将上述3种溶液混合，加水稀释至1000mL，储于棕色瓶中，用橡胶塞塞紧，避光保存。

(3)1＋5硫酸溶液(标定硫代硫酸钠溶液用)。

(4)1%(*m*/*V*)淀粉溶液。称取1g可溶性淀粉，用少量水调成糊状，再用刚煮沸的水稀释至100mL。冷却后，加入0.1g水杨酸或0.4g氯化锌防腐。

(5)0.025mg/L($1/6K_2Cr_2O_7$)重铬酸钾标准溶液。称取于105～110℃的温度下烘干2h，并冷却的重铬酸钾(优级纯)1.225 8g溶于水，移入1000mL容量瓶中，用水稀释至标线，摇匀。

(6)硫代硫酸钠溶液。称取6.2g硫代硫酸钠($Na_2S_2O_3 \cdot 5H_2O$)溶于煮沸放冷的水中，加0.2g碳酸钠，用水稀释至1000mL，储于棕色瓶中。使用前用0.025mol/L重铬酸钾标准溶液标定。

(7)浓硫酸(质量分数98.3%)，$\rho=1.84$。

(8)40%(*m*/*V*)氟化钾溶液。称取40g氟化钾($KF \cdot 2H_2O$)溶于水中，用水稀释至100mL，储于聚乙烯瓶中备用。

四、测定步骤

(1)溶解氧的固定。将吸液管插入溶解氧瓶的液面下，加入1mL硫酸锰溶液、2mL碱性碘化钾-叠氮化钠溶液，盖好瓶塞，颠倒混合数次，静置，一般在取样现场固定。如水样所含Fe^{3+}在100mg/L以上时，会干扰测定，需在水样采集后，先用吸液管插入液面下加入1mL40%氟化钾溶液。

(2)打开瓶塞，立即将吸管插入液面下，加入2.0mL硫酸，盖好瓶塞，颠倒混合摇匀，至沉淀物全部溶解，放于暗处静置5min。

(3)吸取100.00mL上述溶液于250mL锥形瓶中，用硫代硫酸钠溶液滴定至溶液呈淡黄色，加入1mL淀粉溶液，继续滴定至蓝色刚好褪去，记录硫代硫酸钠溶液用量。用下式计算水样中的溶解氧浓度(O_2，mg/L)：

$$\text{水样中的溶解氧浓度}=\frac{M\times V\times 8\times 1000}{100} \tag{2-4}$$

式中：*M*为硫代硫酸钠标准溶液的浓度(mol/L)；*V*为滴定消耗硫代硫酸钠标准溶液的体积(mL)。

实验2.4　氨氮的测定(纳氏试剂比色法)

一、实验目的和要求

(1)掌握氨氮测定最常用的3种方法之一——纳氏试剂比色法。

(2)复习含氮化合物测定的有关内容。

二、纳氏试剂比色法

（一）原理

碘化汞和碘化钾的碱性溶液与氨反应生成淡红棕色胶态化合物，其色度与氨氮含量成正比，通常可在波长410～425nm范围内测其吸光度，计算其含量。

本法的最低检出浓度为0.025mg/L（光度法），测定上限为2mg/L。目视比色法最低检出浓度为0.02mg/L。水样进行适当的预处理后，本法可适用于地面水、地下水、工业废水和生活污水。

（二）仪器

带氮球的定氮蒸馏装置：500mL凯氏烧瓶、氮球、直形冷凝管；分光光度计；pH计；等等。

（三）试剂

配制试剂用水均应为无氨水。

（1）无氨水。可选用下列方法之一进行制备。①蒸馏法：每升蒸馏水中加0.1mL硫酸，在全玻璃蒸馏器中重蒸馏，弃去50mL初馏液，接取其余馏出液于具塞磨口的玻璃瓶中，密塞保存。②离子交换法：使蒸馏水通过强酸性阳离子交换树脂柱。

（2）1mol/L盐酸溶液。

（3）1mol/L氢氧化钠溶液。

（4）轻质氧化镁（MgO）：将氧化镁在500℃下加热，以除去碳酸盐。

（5）0.05%溴百里酚蓝指示液（pH值为6.0～7.6）。

（6）防沫剂：如石蜡碎片。

（7）吸收液。①硼酸溶液：称取20g硼酸溶于水，稀释至1L。②0.01mol/L硫酸溶液。

（8）纳氏试剂。可选择下列方法之一制备。①称取20g碘化钾溶于约25mL水中，边搅拌边分次少量加入二氯化汞（$HgCl_2$）结晶粉末（约10g），至出现朱红色沉淀不易溶解时，改为滴加饱和二氯化汞溶液，并充分搅拌，当出现微量朱红色沉淀不再溶解时，停止滴加二氯化汞溶液。另称取60g氢氧化钾溶于水，并稀释至250mL，冷却至室温后，将上述溶液徐徐注入氢氧化钾溶液中，用水稀释至400mL，混匀。静置过夜，将上清液移入聚乙烯瓶中，密塞保存。②称取16g氢氧化钠，溶于50mL水中，充分冷却至室温。另称取7g碘化钾和碘化汞（HgI_2）溶于水，然后将此溶液在搅拌下徐徐注入氢氧化钠溶液中。用水稀释至100mL，储于聚乙烯瓶中，密塞保存。

（9）酒石酸钾钠溶液。称取50g酒石酸钾钠（$NaKC_4H_4O_6 \cdot 4H_2O$）溶于100mL水中，加热煮沸以除去氨，放冷，定容至100mL。

（10）铵标准储备溶液。称取3.819g经100℃干燥过的氯化铵（NH_4Cl）溶于水中，移入1000mL容量瓶中，稀释至标线。此溶液每毫升含1.00mg氨氮。

(11)铵标准使用液。移取 5.00mL 铵标准储备液于 500mL 容量瓶中,用水稀释至标线。此溶液每毫升含 0.010mg 氨氮。

(四)测定步骤

(1)水样预处理。取 250mL 水样(如氨氮含量较高,可取适量并加水至 250mL,使氨氮含量不超过 2.5mg),移入凯氏烧瓶中,加数滴溴百里酚蓝指示液,用氢氧化钠溶液或盐酸溶液调节 pH 值至 7 左右。加入 0.25g 轻质氧化镁和数粒玻璃珠,立即连接氮球和冷凝管,导管下端插入吸收液液面下。加热蒸馏,至馏出液达 200mL 时,停止蒸馏,定容至 250mL。

采用酸滴定法或纳氏比色法时,以 50mL 硼酸溶液为吸收液;采用水杨酸-次氯酸盐比色法时,改用 50mL0.01mol/L 硫酸溶液为吸收液。

(2)标准曲线的绘制。吸取 0mL、0.50mL、1.00mL、3.00mL、5.00mL、7.00mL 和 10.0mL 铵标准使用液于 50mL 比色管中,加水至标线,加 1.0mL 酒石酸钾钠溶液,混匀。加 1.5mL 纳氏试剂,混匀。放置 10min 后,在波长 420nm 处,用光程 20mm 比色皿,以水为参比,测定吸光度。

用测得的吸光度减零浓度空白管的吸光度后,得到校正吸光度,绘制氨氮含量(mg)对校正吸光度的标准曲线。

(3)水样的测定。①分取适量经絮凝沉淀预处理后的水样(使氨氮含量不超过 0.1mg),加入 50mL 比色管中,稀释至标线,加 0.1mL 酒石酸钾钠溶液。②分取适量经蒸馏预处理的馏出液,加入 50mL 比色管中,加一定量 1mol/L 氢氧化钠溶液以中和硼酸,稀释至标线。加 1.5mL 纳氏试剂,混匀。放置 10min 后,同标准曲线步骤测量吸光度。

(4)空白试验:以无氨水代替水样,进行全程序空白测定。

(五)计算

用水样测得的吸光度减空白试验的吸光度后,从标准曲线上查得氨氮含量(mg/L)。

$$\text{氨氮含量} = \frac{m}{V} \times 1000 \tag{2-5}$$

式中:m 为由校准曲线查得的氨氮量(mg);V 为水样体积(mL)。

(六)注意事项

(1)纳氏试剂中碘化汞与碘化钾的比例对显色反应的灵敏度有较大影响,静置后生成的沉淀应除去。

(2)滤纸中常含痕量铵盐,使用时注意用无氨水洗涤。所用玻璃器皿应避免被实验室空气中的氨污染。

实验 2.5　水中铬的测定

废水中铬的测定常用分光光度法，是在酸性溶液中，六价铬离子与二苯碳酰二肼(简称 DPC，$C_{13}H_{14}N_4O$)反应，生成紫红色化合物，其最大吸收波长为 540nm，吸光度与浓度的关系符合比尔定律。若要测定总铬，需先用高锰酸钾将水样中的三价铬氧化为六价，再用本法测定。

一、实验目的和要求

(1)掌握六价铬和总铬的测定方法；熟练使用分光光度计。

(2)掌握水和废水中金属化合物的测定原理和方法。

二、六价铬的测定

(一)仪器

(1)分光光度计，比色皿(1cm、3cm)。

(2)50mL 具塞比色管、移液管、容量瓶等。

(二)试剂

(1)丙酮。

(2)(1+1)硫酸。

(3)(1+1)磷酸。

(4)0.2%(*m*/*V*)氢氧化钠溶液。

(5)氢氧化锌共沉淀剂。称取 8g 硫酸锌($ZnSO_4 \cdot 7H_2O$)，溶于 100mL 水中；称取 2.4g 氢氧化钠，溶于 120mL 水中。将以上两溶液混合。

(6)4%(*m*/*V*)高锰酸钾溶液。

(7)铬标准储备液。称取 0.282 9g 于 120℃干燥 2h 的重铬酸钾(优级纯)，用水溶解，移入 1000mL 容量瓶中，用水稀释至标线，摇匀。每毫升储备液含 0.100μg 六价铬离子。

(8)铬标准使用液。吸取 5.00mL 铬标准储备液于 500mL 容量瓶中，用水稀释至标线，摇匀。每毫升标准使用液含 1.00μg 六价铬离子。使用当天配制。

(9)20%(*m*/*V*)尿素溶液。

(10)2%(*m*/*V*)亚硝酸钠溶液。

(11)二苯碳酰二肼溶液。称取二苯碳酰二肼 0.2g，溶于 50mL 丙酮中，加水稀释至 100mL，摇匀，储于棕色瓶内，置于冰箱中保存。颜色变深后不能再用。

(三)测定步骤

1. 水样预处理

(1)对不含悬浮物、低色度的清洁地面水，可直接进行测定。

(2)如果水样有色但不深,可进行色度校正,即另取一份试样,加入除显色剂以外的各种试剂,以 2mL 丙酮代替显色剂,用此溶液为测定试样溶液吸光度的参比溶液。

(3)对浑浊、色度较深的水样,应加入氢氧化锌共沉淀剂,并进行过滤处理。

(4)水样中存在次氯酸盐等氧化性物质时,干扰测定,可加入尿素和亚硝酸钠消除。

(5)水样中存在低价铁、亚硫酸盐、硫化物等还原性物质时,可将 Cr^{6+} 还原为 Cr^{3+},此时调节水样 pH 值至 8,加入显色剂溶液,放置 5min 后再酸化显色,并以同法作标准曲线。

2. 标准曲线的绘制

取 9 支 50mL 比色管,依次加入 0mL、0.20mL、0.50mL、1.00mL、2.00mL、4.00mL、6.00mL、8.00mL 和 10.00mL 铬标准使用液,用水稀释至标线,加入(1+1)硫酸 0.5mL 和(1+1)磷酸 0.5mL,摇匀。加入 2mL 显色剂溶液,摇匀。5~10min 后,于 540nm 波长处,用 1cm 或 3cm 比色皿,以水为参比,测定吸光度并作空白校正。以吸光度为纵坐标,相应 Cr^{6+} 含量为横坐标绘出标准曲线。

3. 水样的测定

取适量(含 Cr^{6+} 少于 50μg)无色透明或经预处理的水样于 50mL 比色管中,用水稀释至标线,测定方法同标准溶液。进行空白校正后根据所测吸光度从标准曲线上查得 Cr^{6+} 含量。

(四)计算

$$w(Cr^{6+}) = \frac{m}{V} \tag{2-6}$$

式中:m 为从标准曲线上查得的 Cr^{6+} 量(μg);V 为水样的体积(mL)。

(五)注意事项

(1)用于测定铬的玻璃器皿不应用重铬酸钾洗液洗涤。

(2)Cr^{6+} 与显色剂的显色反应一般控制酸度在 0.05~0.3mol/L($1/2H_2SO_4$)范围,以 0.2mol/L 时显色最好。显色前,水样应调至中性。显色温度和放置时间对显色有影响,在 15℃时,5~15min 颜色即可稳定。

(3)如测定清洁地面水样,显色剂可按以下方法配制:溶解 0.2g 二苯碳酰二肼于 100mL 体积分数为 95%的乙醇中,边搅拌边加入(1+9)硫酸 400mL。该溶液在冰箱中可存放一个月。用此显色剂,在显色时直接加入 2.5mL 即可,不必再加酸。但加入显色剂后,要立即摇匀,以免 Cr^{6+} 可能被乙酸还原。

实验 2.6 颜色的测定

天然和轻度污染水可用铂钴比色法测定色度,对工业有色废水常用稀释倍数法辅以文字描述。

一、实验目的和要求

(1)掌握铂钴比色法和稀释倍数法测定水及废水颜色的方法,以及不同方法所适用的范围。

(2)预习有关色度的内容,了解颜色测定的其他方法及各自的特点。

二、稀释倍数法

(一)原理

将有色工业废水用无色水稀释到接近无色时,记录稀释倍数,以此表示该水样的色度,并用文字描述颜色等性质,如深蓝色、棕黄色等。

(二)仪器

50mL 具塞比色管,其标线高度要一致。

(三)测定步骤

(1)取 100~150mL 澄清水样置于烧杯中,以白色瓷板为背景,观察并描述其颜色。

(2)分取澄清的水样,用水稀释成不同倍数,分取 50mL 分别置于 50mL 具塞比色管中,管底部衬一白瓷板,由上向下观察稀释后水样的颜色,并与蒸馏水比较,直至刚好看不出颜色,记录此时的稀释倍数。

(四)注意事项

如测定水样的真色,则应放置澄清取上清液,或用离心法去除悬浮物后测定;如测定水样的表色,则待水样中的大颗粒悬浮物沉降后,取上清液测定。

实验 2.7　化学混凝实验

一、实验目的

分散在水中的胶体颗粒带有电荷,同时在布朗运动及其表面水化作用下,长期处于稳定分散状态,不能用自然沉淀方法去除。向这种水中投加混凝剂后,可以使分散颗粒相互结合、聚集的程度增大,从水中分离出来。由于各种废水差别很大,混凝效果不尽相同。混凝剂的混凝效果不仅取决于混凝剂的投加量,同时还取决于水的 pH 值、水流速度梯度等因素。本实验的目的如下:

(1)通过本实验观察混凝现象,加深对混凝理论的理解。

(2)通过本实验,选择最佳混凝剂的类型。

(3)学会确定某水样的最佳混凝剂条件(包括最佳投药量、最佳 pH 值等)的方法。

(4)了解影响混凝条件的相关因素。

(5)学习实验方案设计。

二、实验原理

水中的胶体颗粒均带负电，胶粒间的静电斥力、胶粒的布朗运动和胶粒表面的水化作用 3 种因素使胶粒不能相互聚结而长期保持稳定的分散状态，三者中胶粒间的静电斥力影响最大。向水中投加混凝剂，能提供大量的正电荷，压缩胶团的扩散层，使电位降低，静电斥力减小。此时，布朗运动由稳定因素转变为不稳定因素，也有利于胶粒的吸附凝聚。同时，由于双电层状态的存在而产生的水化膜，也会因投加混凝剂而使电位降低，从而使水化作用减弱。混凝剂水解形成的高分子物质或直接加入水中的离子、分子物质一般具有链状结构，在胶粒与胶粒之间起着吸附架桥作用。胶粒不能相互接触，通过高分子链状物吸附胶粒，也能形成絮凝体。

消除或降低胶体颗粒稳定因素的过程叫作脱稳，脱稳后的颗粒，在一定的水力条件下才能形成较大的絮凝体，俗称矾花，直径较大且较密实的矾花容易下沉。从投混凝剂开始到形成矾花的过程叫混凝。混凝过程不仅受水温、投加混凝剂的量和水中胶体颗粒浓度的影响，还受水的 pH 值的影响。如 pH 值过低(小于 4)，则所投混凝剂的水解受到限制，其主要产物中没有足够的羟基进行桥联作用，也就不容易生成高分子物质，絮凝作用较差；如果 pH 值过高(大于 9 时)，它又会溶解生成带电荷的络合离子，不能很好地发挥混凝作用。

另外，混凝过程中的水力条件对絮凝体的形成影响极大，整个混凝过程分为两个阶段：混合阶段和反应阶段。混合阶段要求使混凝剂迅速而均匀地扩散到全部水中，以创造良好的水解和聚合条件，因此混合要求快速而剧烈搅拌，在几秒内完成；而反应阶段则要求混凝剂的微粒通过絮凝形成大的具有良好的沉降性能的絮凝体，因此搅拌强度或水流速度随絮凝体的结大而逐渐降低，以免大的絮凝体被打碎。本实验水流速度及搅拌速度已确定，可不考虑水力条件的影响。

三、实验装置及仪器

混凝实验装置见图 2-1。

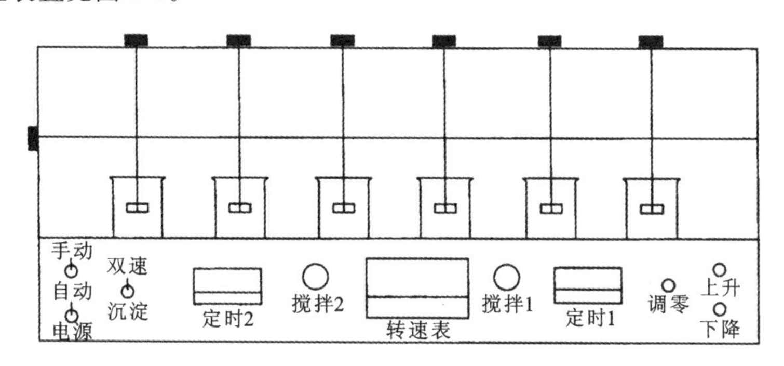

图 2-1 混凝实验装置示意图

混凝实验装置（六联搅拌器1台），浊度仪（1台），酸度计（1台，pH计或广泛pH试纸），烧杯（1000mL，6个），烧杯（250mL，1个），量筒（200mL和500mL各1个），移液管（1mL 4支，2mL、5mL、10mL各1支；吸球2～4个），50mL注射针筒（或移液管代替，1支），洗瓶（1个），温度计（1支），秒表（自备，1个）。

四、实验用水

实验用水为韶关学院北区青年湖水。

五、试剂

硫酸铝[$Al_2(SO_4)_3 \cdot 18H_2O$]，100g/L（10%）；三氯化铁（$FeCl_3 \cdot 6H_2O$），100g/L（10%）；三氯化铝（$AlCl_3$），100g/L（10%）；PAC（聚合氯化铝），100g/L（10%）；PAM（聚丙烯酰胺），10g/L（1%）；NaOH（化学纯），100g/L（10%）；HCl（化学纯），10%。

六、实验步骤

（一）混凝剂的确定

（1）确定原水的特征，即确定原水的浊度、温度、pH值，并记录在表2-2中。

（2）用250mL烧杯（3个或4个等）分别取200mL的原水样。

（3）确定能形成矾花的最小混凝剂投加量，其方法是：根据步骤（1）的数据，并结合混凝剂的使用条件，选用合适的几种混凝剂（可五选三或五选四等），并加入相应的烧杯中，每次加0.1mL，同时用玻璃棒进行搅拌，直到水样出现矾花（某个烧杯出现矾花时立即停止加药剂，其他烧杯继续，以此类推，最后确定用药量），并记录下每个水样中混凝剂的投加量，并以此投加量为该混凝剂的最小投加量，记录在表2-2中。

表2-2　最佳混凝剂及其出现矾花时的最小投加量

混凝剂名称		1	2	3	4
最小投加量/mL					
浊度/NTU	1				
	2				
	平均值				

由表2-2可以确定最佳混凝剂为＿＿＿＿＿＿＿＿。

（二）混凝剂最佳投加量的确定

（1）用6个1000mL烧杯分别取一定量（可取800mL或1000mL）的原水样，并置于搅拌器上。

（2）采用步骤（一）选定的最佳混凝剂，及其形成矾花所用混凝剂的最小投加量，取最小混凝剂投加量的1/2及1倍、1.5倍、2倍、2.5倍、3倍为实际投加量，分别加入1～6号烧杯的原水样中，并记录在表2-3中。

(3)启动搅拌机，快速搅拌(300r/min左右即可)0.5min，中速搅拌(100r/min左右即可)10min，慢速搅拌(50r/min左右即可)10min(可选3min)。搅拌过程中注意观察矾花的形成。

(4)停止搅拌，静置10min，然后用注射针筒(或移液管)抽取6个烧杯的上清液，同时用浊度仪测定水的剩余浊度，记录在表2-3中。

由实验结果可得出混凝剂的最佳投加量。

表2-3 混凝剂最佳投加量的确定

水样编号		1	2	3	4	5	6
投加量	mL						
	mg						
	mg/L						
浊度/FTU	1						
	2						
	平均值						
浊度去除率/%	平均值						

由表2-3可以确定最佳混凝剂投加量为__________mg/L。

(三)最佳pH值的确定

(1)用6个1000mL的烧杯分别取一定量(800mL或1000mL)的原水样，并置于搅拌器上。

(2)调整原水的pH值，用移液管依次向1～6号装有原水样的烧杯中，用质量分数为10%的盐酸和质量分数为10%的NaOH溶液，分别把pH值调到2.5、4、5.5、7、8.5、10[调pH值的过程中启动搅拌机，快速搅拌(300r/min)0.5min，随后停机，从每个烧杯中取50mL水样，依次用pH计或广泛pH试纸测定各水样的pH值，再置于原烧杯中]。

(3)用移液管依次向装有原水样的烧杯中加入相同剂量的混凝剂[步骤(二)得出的最佳投加量]。

(4)启动搅拌机，快速搅拌(约300r/min)0.5min，中速搅拌(约100r/min)10min，慢速搅拌(约50r/min)10min(可选3min)[与步骤(二)相同]；停止搅拌，静置10min，然后用注射针筒(或移液管)抽取6个烧杯的上清液，同时用浊度仪测定水的剩余浊度，记录在表2-4中。

七、注意事项

(1)在确定最佳投加量、最佳pH值的实验中，向各烧杯加药剂时，尽量同时投加，避免因时间间隔较长各水样加药后反应时间长短相差太大，混凝效果悬殊。

(2)在确定最佳pH值的实验中，用来测定pH值的水样仍倒入原烧杯中。

表 2-4　混凝剂最佳 pH 值的确定

水样编号		1	2	3	4	5	6
质量分数 10%盐酸/mL		5	3	1			
质量分数 10%NaOH/mL					0.2	0.7	1.2
pH 值							
投加量	mL						
	mg						
	mg/L						
浊度/FTU	1						
	2						
	3						
	平均值						
浊度去除率/%	平均值						

由表 2-4 可以确定最佳 pH 值为__________。

(3)在测定污水的浊度,用注射针筒抽吸上清液时,不要搅动底部沉淀物,并尽量减少各烧杯的抽吸时间。

(4)实验过程中需记录水样的名称及浊度、pH 值、温度等参数,同时记录所使用混凝剂或助凝剂的种类和浓度,水样的浊度应取 3 次测量的平均值,在确定最佳 pH 值的实验中,用来测定 pH 值的水样,仍倒入原烧杯中。

八、实验结果

(一)实验记录

原水浊度__________、原水 pH 值__________、原水温度____________、试验用水样体积________、混凝剂浓度______。

(二)实验结论与讨论

九、思考题

(1)为什么最大投加量时,混凝效果不一定好?

(2)本实验与水处理实际情况有哪些差别?

十、实验体会(一定要有)

十一、附录(供参考)

(1)以污水浊度(或浊度去除率)为纵坐标,以混凝剂投加量为横坐标,绘出污水浊度与混凝剂投加量的关系曲线,并从图上求出最佳混凝剂投加量(图 2-2 供参考)。

(2)以污水浊度(或浊度去除率)为纵坐标,以水样 pH 值为横坐标,绘出污水浊度与 pH 值的关系曲线(图 2-3),从图上求出所投加混凝剂的混凝最佳 pH 值范围。

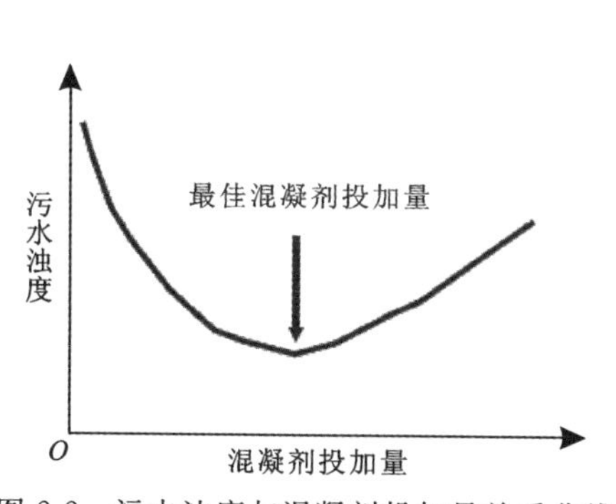

图 2-2　污水浊度与混凝剂投加量关系曲线

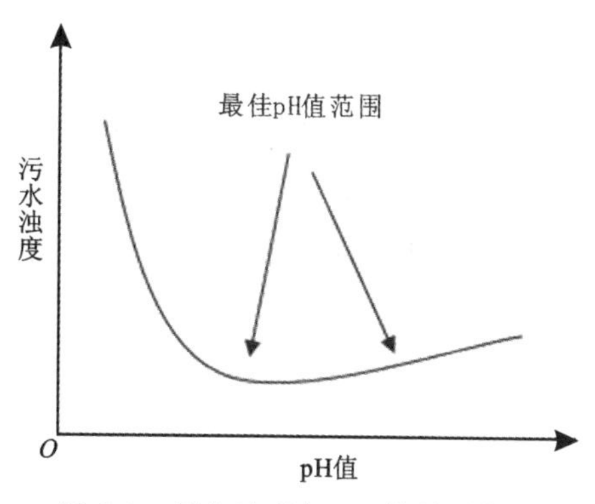

图 2-3　污水浊度与 pH 值关系曲线

实验 2.8　水静置沉淀实验

一、实验目的

沉淀是水污染控制用以去除水中杂质的常用方法。沉淀有 4 种基本类型,即自由沉淀、凝聚沉淀、成层沉淀和压缩沉淀。自由沉淀用以去除低浓度的离散性颗粒,如沙砾、铁屑等。这些杂质颗粒的沉淀性能一般都要通过实验测定。本实验拟采用沉降柱实验,找出颗粒物去除率与沉降速度的关系。本实验旨在促进学生学习和掌握以下几个方面的知识:

(1)观察沉淀过程,加深对自由沉淀特点、基本概念及沉淀规律的理解,掌握沉淀特性曲线的测定方法。

(2)掌握颗粒自由沉淀实验的方法,求出沉淀曲线,为沉淀池的设计提供必要的设计参数。

二、实验原理

在含有分散性颗粒的废水静置沉淀过程中,设实验筒内有效水深为 H(图 2-4),通过不同

的沉淀时间 t，可求得不同的颗粒沉淀速度 u，$u=H/t_0$，对于指定的沉淀时间 t_0，可求得颗粒沉淀速度 u_0（图 2-5）。对于沉淀速度大于或等于 u_0 的颗粒，在 t_0 时可全部去除；而对于沉淀速度 $u<u_0$ 的颗粒，只有一部分去除，而且是按 u/u_0 的比例去除。

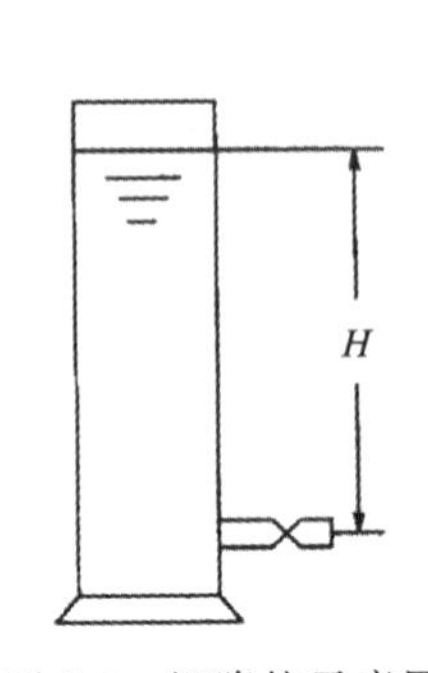

图 2-4　沉降柱示意图

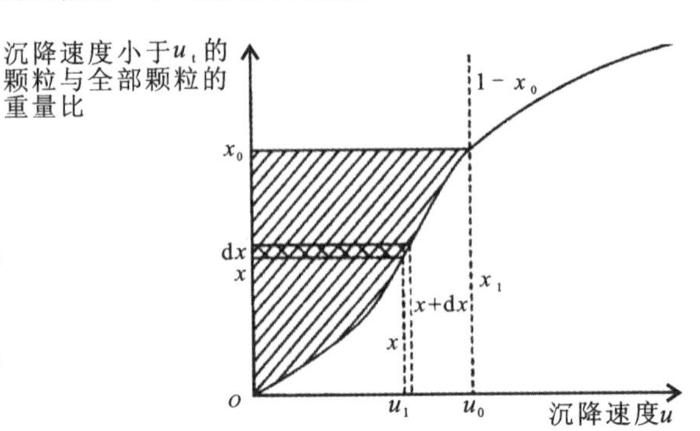

图 2-5　颗粒物沉降速度累积频率分布曲线

设 x_0 代表沉降速度小于或等于 u_0 的颗粒所占的百分数，于是在悬浮颗粒总数中，去除的百分数可用 $1-x_0$ 表示。而具有沉降速度 $u\leqslant u_0$ 的每种粒径的颗粒去除的部分等于 u/u_0。因此，考虑各种颗粒粒径时，这类颗粒的去除百分数为

$$\int_{x}^{x_0}\frac{u}{u_0}\mathrm{d}x \tag{2-7}$$

总去除率为

$$(1-x_0)+\frac{1}{u_0}\int_{0}^{x_0}u\mathrm{d}x \tag{2-8}$$

式中第二项可通过图解积分法确定，如图 2-5 中的阴影部分。

三、取样方法

图 2-6　自由沉淀实验装置图

自由沉降适用于悬浮固体浓度较低，且具有非絮凝性或弱絮凝性的水质。实验是在设有一个取样口的透明沉降柱中进行的。柱的内径为 100mm，有效高度为 1.5～2.0m。取样口可设在工作水深为 H 的底部，也可设在 $H/2$ 处，二者分别称为底部取样和中部取样。目前倾向于采用中部取样，这是因为随着沉降时间的延长，沉降柱内的悬浮固体浓度势必形成上稀下浓的线性不均匀分布态势，而我们要测定的是沉降柱内整个水层的残留 SS（suspended solids，悬浮物）浓度，用 $H/2$ 处的 SS 浓度代表柱内 SS 的平均浓度，能减小采用底部取样带来的沉降效率的负偏差。图 2-6 所示为自由沉淀实验装置图。

四、数据处理

目前常用的沉降试验数据处理方法有两种：一种是常规计算法，另一种是 Camp 图解积分法。前者计算简单，但误差较大，得到的是 E_i-t 和 E_i-u 曲线；后者比较复杂，但结果精确，得到的是 E_T-t 和 E_T-u 曲线。

1. 常规计算法（本次实验采用此方法）

(1)由沉降时间 t(h)和对应的工作水深 H(m)，按公式 $u=H/t$ 计算沉降速度 u(m/h)，公式中的工作水深是指水面到柱底零断面的实际高度，与取样口位置无关。

(2)沉降效率 E_i(%)。

$$E_i = \frac{C_0 - C_i}{C_0} \times 100\% \tag{2-9}$$

式中：C_0为原水浊度(NTU)；C_i为水样浊度(NTU)。

(3)绘制 E_i-t 和 E_i-u 曲线。

2. 图解积分法

这种方法的基本依据是：对于一个指定的沉降时间 t，可由 $u=H/t$ 求得相应的沉降速度 u_0。对于沉降速度 $u \geqslant u_0$ 的固体颗粒，在 t 时间内能全部被去除；对于沉降速度 $u < u_0$ 的颗粒，则只能部分被除去。总沉降效率 E_T为上述两种颗粒的去除率之和。如以 p_0表示沉降速度 $u < u_0$ 的颗粒占 SS 总量的分率，则因 $u \geqslant u_0$ 而被除去的颗粒占 SS 总量的分率为$(1-p_0)$。以 dp 表示 $u < u_0$ 的颗粒中某一微小粒径范围的颗粒占 SS 总量的分率，其中能被除去的部分占 $\frac{u}{u_0}$（或 $\frac{h}{H}$，h 为 $u < u_0$ 的颗粒在 t 时间内下沉的距离，$h < H$），则这种粒径范围的颗粒中能被除去的部分占 SS 总量的分率为 $\frac{u}{u_0}dp$。当考虑的粒径范围由某一微小值扩展到整个 $u < u_0$ 的颗粒群体时，能被除去的部分占 SS 总量的分率即为 $\int_0^{p_0} \frac{u}{u_0}dp$，这样，在 t 时间内悬浮固体的总沉降效率 E_T(%)为

$$E_T = \left[(1-p_0) + \int_0^{p_0} \frac{u}{u_0}dp\right] \times 100\% = \left[(1-p_0) + \int_0^{p_0} \frac{h}{H}dp\right] \times 100\% \tag{2-10}$$

若以有限之和 $\sum u dp$ 代替积分，则上式改写为

$$E_T = \left[(1-p_0) + \frac{\sum u dp}{u_0}\right] \times 100\% \tag{2-11}$$

五、实验水样

实验水样为自配水。

六、主要实验设备

(1)自由沉淀实验装置。

(2)烧杯 6 个。

(3)悬浮物定量分析所需设备。以 SS 为评价指标时,定量分析设备包括万分之一电子天平、带盖称量瓶、干燥器、烘箱等;以 SS 浊度为衡量指标时,定量分析设备为浊度仪。

七、实验步骤

(1)将水样倒入搅拌筒中,用泵循环搅拌约 5min,使水样中的 SS 分布均匀。

(2)用泵将水样输入沉淀实验筒,在输入过程中,从筒中取样 2 次,每次约 20mL(若以 SS 为评价指标,则取样量应提高到 100mL,并在取样后准确记下水样体积)。此水样的悬浮物浓度即为实验水样的原始浓度 C_0。

(3)当废水升到溢流口,溢流管流出水后,关紧沉淀实验筒底部阀门,停泵,记下沉淀开始时间。

(4)观察静置沉淀现象。

(5)隔 5min、10min、20min、30min、45min、60min,从实验筒中部取样口取样,每次约 20mL(若以 SS 为评价指标,则取样量应提高到 100mL,并在取样后准确记下水样体积)。取水样前要先排出取样管中的积水约 10mL,取水样后测量工作水深的变化。

(6)将每一种沉淀时间的 2 个水样做平行实验,测量其浊度。

(7)对中部取样法计算不同沉淀时间 t 的水样中的悬浮物浓度 C_i、沉降效率 E_i,以及相应的颗粒沉降速度 u,并画出 E_i-t 和 E_i-u 的关系曲线。

八、注意事项

(1)搅拌时间要足够,否则沉淀柱内的悬浮物浓度不够高或者不均匀,会导致曲线范围变小。

(2)搅拌停止以后,要尽快采集原水悬浮物浓度的样品,否则会因为悬浮物自身的沉淀导致数据偏差。

(3)不必严格规定采样间隔的时间,但要保证数据足够,并且开始时采样时间应该短。

(4)由于取样必然会导致液面的变化,实际上取样口的深度会一直减小,但是在实际实验中随时测量水深又不方便,考虑使用新的悬浮物浓度测量方法以后,需要的样品水量很小,所以这种误差可以忽略。

(5)在以往的实验设计当中,一般都是用烘干称重法测量水中的悬浮物浓度,但是这种方法比较复杂,而且有自身的局限性,首先是要求采样量大,否则不能保证精度,其次要求容易受水中溶解性物质的干扰。虽然是标准的测量方法,但是在实际生产操作时,几乎都不采用,都是采用浊度这个替代参数。实际上,如果用浊度代替悬浮物浓度,也可以得到类似的关系曲线,本实验为了符合习惯,把浊度转化为悬浮浓度。

九、实验记录和结果整理

实验记录和结果整理见表 2-5。

表 2-5　实验记录和结果整理表

原水记录	水深：____cm，浊度：____NTU，水温：____℃							
沉淀柱工作水深 H_i/cm								
沉淀时间/min	5	10	15	20	30	40	50	60
水样浊度/NTU								
平均浊度/NTU								
沉降效率 E_i/%								
颗粒沉速/($mm \cdot s^{-1}$)								

绘图：绘制沉淀曲线及 E-t 和 E-u 的关系曲线。

十、思考题

(1)沉淀的类型有哪些？分别进行阐述。

(2)自由沉淀的条件是什么？把该实验的结论应用到沉淀池的设计，需要注意什么问题？

(3)若沉降柱分别为 $H=1.2\text{m}$、$H=0.9\text{m}$，则两组实验结果是否一样？为什么？

(4)如何计算沉淀池的停留时间？沉淀曲线随时间变化具有什么特点？

十一、注意事项

(1)静置沉淀操作时，注意原水箱内的水应该充分混合，如在进水过程中发现分层现象，应加以搅拌以保证水质均匀。

(2)实验用水应保持较高的悬浮物浓度，以保证鲜明的实验现象。

(3)过滤、烘干和称重操作应严格执行操作规范，避免人为误差。

实验 2.9　加压溶气气浮实验

固-液分离操作是水处理工程中最为常见的多相分离操作，主要方法有重力沉降法、过滤法及气浮法等，它们均属于物理方法。其中，气浮法主要被用来分离密度接近于水体密度、颗粒不具备足够机械强度、难以用过滤方法分离且无法采用重力沉降法去除的悬浮杂质，如藻类、乳化油、羊毛脂、纤维以及其他各种有机或无机的悬浮微絮体等。因此，气浮法在自来水厂、城市污水处理厂以及炼油厂、食品加工厂、造纸厂、毛纺厂、印染厂、化工厂等水处理中都有所应用。

气浮法具有处理效果好、周期短、占地面积小以及处理后的浮渣中固体物质含量较高等优点，但也存在设备多、操作复杂、动力消耗大等缺点。

一、实验目的

本实验采用加压溶气气浮实验装置，实验室自配具有一定悬浮物浓度的实验用水，通过模拟工业气浮处理，进行小型气浮设备的具体操作。实验中可分析设备流程、进行现象观察以及对实验过程进行常规检查和评价，可进一步加深对气浮法原理的理解，了解和掌握气浮法的工艺流程和重要设备，掌握重要操作参数“气固比”对气浮法净水效果的影响。

二、实验原理

气浮法就是使空气以微小气泡的形式出现在水中并慢慢自下而上地上升，在上升过程中，气泡与水中悬浮物质相接触，并使悬浮物质黏附于气泡上（或气泡黏附于悬浮物上），形成的气泡-悬浮结合物的表观密度远小于水体密度，能自动升浮到水面，从而使水体中的悬浮物质与液体分离。

产生比重小于水的气泡-悬浮结合物的主要条件是：①水中悬浮物质具有足够的憎水性；②通入水中的空气所形成的气泡的平均直径不宜大于 $70\mu m$；③气泡与水中悬浮物质应有足够的接触时间。

气浮法按水中气泡产生的方法可分为布气气浮、溶气气浮和电气浮几种。由于布气气浮气泡一般直径较大，分布不均，气浮效果较差，而电气浮气泡直径虽不大但耗电较多，因此在目前应用气浮法的工程中，以加压溶气气浮法使用最多。

加压溶气气浮法是根据空气在水体中的溶解度随压力变化而变化，通过加压，使空气在水中的溶解量增加，并达到饱和状态，然后使加压溶气水突然减压至常压。常压下，空气的溶解度减小，此时溶解于水中的过饱和空气便以微气泡的形式从水中释放出来，此法产生的气泡微小，充满整个水体空间且分布均匀。

影响加压溶气气浮分离效率的因素有很多，如空气在水中的溶解量（与溶气压力、水温相关）、气泡直径、气浮时间、污水特性（如固含量、杂质粒度大小等）、添加的絮凝药剂种类与加药量等。另外，对于特定的污水和处理设备，适宜的气固比（气泡与水体中悬浮物的量之比）是影响分离效果的重要操作参数之一，通常以加压溶气水流量与污水流量之比（回流比）来表征。

三、实验设备及仪器

1. 实验设备

本实验的装置如图 2-7 所示，主要由气浮池、清水箱、原水箱、压力溶气罐、磁力泵、隔膜泵、空气压缩机等组成，联通管路上安装有控制阀门、流量计、压力表及玻璃管液位计等装置。

使用空气压缩机将空气加压后打入压力溶气罐中，维持一定的压力；同时用隔膜泵将清水打入压力溶气罐，在罐内高压空气溶解于水中，然后通过流量计 2 控制加压溶气水的流量，加压溶气水依靠压差自动送入敞口的气浮池混合槽底部，与来自混合水槽的悬浮污水接触，在气浮池混合槽内向上流动过程中发生气浮作用，分离后的漂浮物在水流带动下沿气浮池分

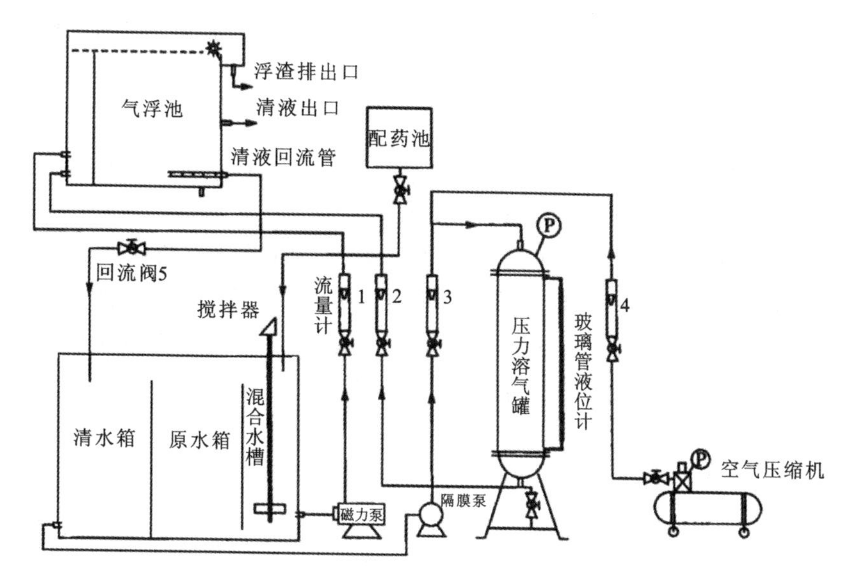

图 2-7 加压溶气气浮实验装置图

离槽上液面水平流向集渣排污口，由滚轮刮污器送入集渣出口收集，少量清液回流到清水箱供循环加压溶气用，其余由清液出口排放或进行后续处理。

2. 实验仪器

浊度计 1 台、50mL 烧杯 3 个等。

四、实验步骤

(1)检查设备与管路，关闭清水箱、原水箱、压力溶气罐及气浮池底部排污阀，关闭压力溶气罐进气流量计阀门 4，关闭气浮池清水回流阀 5，半开溶气罐进水流量计阀门 3；清水箱中加入清水，含悬浮物污水倒入原水箱中，启动空气压缩机待用。

(2)微开隔膜泵旁路阀，启动隔膜泵，向溶气罐进清水，随罐内液位的提升，罐内压力逐渐增大，当溶气罐水位指示达 1/2 时，微开压力溶气罐进气流量阀门 4，逐渐调节罐内压力至 0.3MPa，并维持恒定。同时，打开压力溶气罐出水流量计 2 的阀门，调节出水流量(气浮池混合槽进水流量)至设定的流量水平(操作参数)上。

(3)观察溶气罐液位变化，调节压力溶气罐进水流量计 3 的阀门，使进入压力溶气罐的清水流量与出水流量基本保持平衡，使溶气罐液位稳定在 1/2～2/3 的水平上。

(4)连续、稳定运行的情况下，溶气不断地在气浮池混合槽进口处逸出，可明显观察到气浮池混合室内出现分布均匀的含有大量微气泡的乳白色溶气水。此时溶气发生系统准备完毕。

(5)开始气浮实验。将准备好的气浮药剂(如质量分数为 1%的硫酸铝溶液)倒入配药池，启动搅拌机，微开加药阀，控制滴加流量。同时，开启磁力泵，调节至设定的流量向气浮池通入污水，与溶气水混合接触进行气浮。

(6)待气浮池分离室液位逐渐上升至溢出水位时，开启气浮池清水回流阀5并控制回流水流量，控制气浮池内溢流水位恒定，保持少量溢流水携带漂浮物从残渣收集排污口流出。观察气浮过程。

(7)稳定运行15min，于清液回流管出口取清水样，对顶部浮渣可用烧杯等容器刮取以分析悬浮物浓度，用浊度计分析清水样浊度的变化。

(8)重新设定污水流量与加压水流量参数，全开气浮池清水回流阀5，放干气浮池内清液后关闭此阀。重复步骤(3)至步骤(7)，比较不同处理工况及操作条件下的气浮效果。

(9)实验结束后，关闭磁力泵、隔膜泵电源及总电源，空压机排空泄压后，全开清水箱、原水箱、溶气罐及气浮池底部排污阀门，排空设备内的积水。

五、实验数据及处理

(1)按表2-6记录并整理实验数据。

表2-6 加压容器气浮实验数据记录表

第________组；姓名________；实验日期________；

污水采样地点________；原水浊度________；水温________℃；气温________℃；

溶气罐工作压力____MPa；絮凝剂种类________；浓度________%；添加速率________mL/min。

样品序列	溶气水流量/($L \cdot min^{-1}$)	原水流量/($L \cdot min^{-1}$)	气浮时间/min	出水浊度	色度去除率/%
自来水样(供参比)	—	—	—		—
取样1					
取样2					
取样3					

(2)浊度去除率按下式计算：

$$浊度去除率 = \frac{原水浊度 - 清水浊度}{清水浊度} \times 100\% \tag{2-12}$$

六、思考题

(1)实验表明气固比(回流比)对气浮分离效果的影响如何？本实验是如何来改变气固比这一参数的？操作上如何实现回流比的稳定控制？

(2)试述操作压力及温度对气浮分离的影响。

(3)工业上用气浮法实现分离杂质，若改用过滤方法，是否也能良好地实现？试说明理由。

(4)气浮池的分离室空间远比接触混合室空间大，为什么？

(5)本实验中是如何来表征气浮分离效率的?

(6)本实验是否存在系统误差?采用什么方法能够消除系统误差?

七、注意事项

(1)维持压力、加压溶气水流量与污水流量恒定,是保持"气固比"的关键,因此操作过程必须精确加以控制。影响加压溶气水流量波动的主要因素是溶气罐上方的压力,故操作过程中对压力的控制尤为重要,应随时观察并调节,使其恒定在 0.3MPa。压力过低时溶气量不足,气浮效果差。

(2)溶气罐最大操作压力不得超过 0.35MPa,若压力超过 0.3MPa,隔膜泵工作会失常,无法正常进水,还会引起设备、管路爆裂。当压力超过规定值时,可旋开玻璃管液位指示计上端口的排气阀门进行泄压。

(3)隔膜泵设有旁路保护管路,使用时不得全闭旁路阀。

(4)实验选用的回流比参数至少要有 5 个,以保证能较正确地绘制出气固比与出水悬浮固体浓度(浊度)的关系曲线。

实验 2.10　活性炭吸附实验

活性炭是一种多孔性的含碳物质,组成物质除了碳元素外,尚含有少量的氢、氮、氧及灰分。它由碳形成的六环物堆积而成,因此具有高度发达的孔隙结构,是一种极优良的吸附剂。活性炭的吸附结合了物理吸附力与化学吸附力的综合作用。由于六环碳的不规则排列,活性炭具有多微孔体积及高表面积的特性。在废水处理中,活性炭的应用主要有以下几个方面:

(1)除臭——去除由酚、石油等引起的异味。

(2)去色——去除由各种染料形成的颜色或有机污染物及 Fe、Mn 等形成的色度。

(3)去除有机物——农药、杀虫剂、氯代烃、芳香族化合物以及其他生物难降解有机物的去除。

(4)去除重金属——Hg、Cr 等重金属离子。

(5)合成洗涤剂的去除。

(6)放射性物质的去除。

一、实验目的

(1)掌握吸附实验的基本操作过程,加深理解吸附的基本原理。

(2)掌握活性炭吸附实验的数据处理方法和活性炭吸附饱和后的再生方法。

(3)了解不同活性炭的吸附性能及其选择方法。

二、实验原理

吸附是发生在固-液(气)两相界面上的一种复杂的表面现象,是一种非均相过程。大多数的吸附过程是可逆的，液相或气相内的分子或原子转移到固相表面，使固相表面的物质浓度增高，这种现象就称为吸附；已被吸附的分子或原子离开固相表面，返回到液相或气相中去，这种现象称为解吸或脱附。在吸附过程中，被吸附到固体表面上的物质称为吸附质，吸附吸附质的固体物质称吸附剂。活性炭吸附就是利用活性炭的固体表面对水中一种或多种物质的吸附作用，以达到净化水质的目的。活性炭吸附的作用产生于两个方面：一方面是由于活性炭内部分子在各个方面都受着同等大小力，而在表面的分子则受到不平衡的力，这就使其他分子吸附于其表面上，此过程为物理吸附；另一方面是由于活性炭与被吸附物质之间的化学作用，此过程为化学吸附。活性炭的吸附是上述两种吸附综合作用的结果。当活性炭在溶液中吸附速度和解吸速度相等时，即单位时间内活性炭吸附的数量等于解吸的数量时，被吸附物质在溶液中的浓度和在活性炭表面的浓度均不再变化，而达到了平衡，此时的动态平衡称为活性炭吸附平衡。

描述吸附容量 q_e 与吸附平衡时溶液浓度 c 的关系有 Langmuir 吸附等温式、BET 吸附等温式和 Freundlich 吸附等温式。在水和污水处理中，通常用 Freundlich 吸附等温式来比较不同温度和不同溶液浓度时的活性炭的吸附容量，即

$$q_e = kc^{\frac{1}{n}} \tag{2-13}$$

式中：q_e 为吸附容量(mg/g)；k 为与吸附比表面积、温度有关的系数；n 为与温度有关的系数($n>1$)；c 为吸附平衡时溶液的浓度(mg/L)。

Freundlich 吸附等温式是一个经验公式，通常用图解方法来求 k 和 n 值，方法是将上式取对数变成线性关系：

$$\lg q_e = \lg \frac{(c-c_0)}{m} = \lg k + \frac{1}{n}\lg c \tag{2-14}$$

式中：c_0 为水中被吸附物质原始浓度(mg/L)；c 为被吸附物质的平衡浓度(mg/L)；m 为活性炭投加量(g/L)。

连续流活性炭的吸附过程同间歇性吸附有所不同，这主要是因为前者被吸附的杂质来不及达到平衡浓度 c，因此不能直接应用式(2-14)。这时应对吸附柱进行被吸附杂质泄漏和活性炭耗竭过程实验，也可简单地采用 Bohart-Adams 关系式：

$$t = \frac{N_0}{c_0 v}\left[D - \frac{v}{KN_0}\ln\left(\frac{c_0}{c_B}-1\right)\right] \tag{2-15}$$

式中：t 为工作时间(h)；v 为吸附柱中流速(m/h)；D 为活性炭层厚度(m)；K 为流速常数[m^3/(s・h)]；N_0 为吸附容量(g/m^3)；c_0 为入流溶质浓度(mg/L)；c_B 为容许出流溶质浓度(mg/L)。

根据入流溶质、出流溶质浓度，可用式(2-15)估算活性炭柱吸附层的临界厚度，即保持出流溶质浓度不超过 c_B 的炭层理论厚度。

$$D_0 = \frac{\nu}{KN_0}\ln\left(\frac{c_0}{c_B}-1\right) \tag{2-16}$$

式中：D_0 为临界厚度(m)，其余符号意义同上。

在实验时，如果原水样溶质浓度为 c_{01}，用 3 个活性炭柱串联，则第一个活性炭柱的出流浓

度 c_{B1} 即为第二个活性炭柱的入流浓度 c_{02}，第二个活性炭柱的出流浓度 c_{B2} 即为第三个活性炭柱的入流浓度 c_{03}。由各炭柱不同的入流浓度 c_0、出流浓度 c_B 便可求出流速常数 K 值。

本实验装置为三级串联连续流活性炭吸附柱，在吸附柱内装填颗粒活性炭。吸附是一种物质附着在另一种物质表面的过程。当活性炭对水中所含杂质吸附时，水中的溶解性杂质在活性炭表面积聚而被吸附，同时也有一些被吸附物质由于分子的运动而离开活性炭表面，重新进入水中，即发生解吸现象。当吸附和解吸处于动态平衡状态时，则称为吸附平衡，这时活性炭和水之间的溶质浓度分配比例处于稳定状态。

三、实验设备与试剂

(1)活性炭吸附实验装置:1 套(图 2-8)。

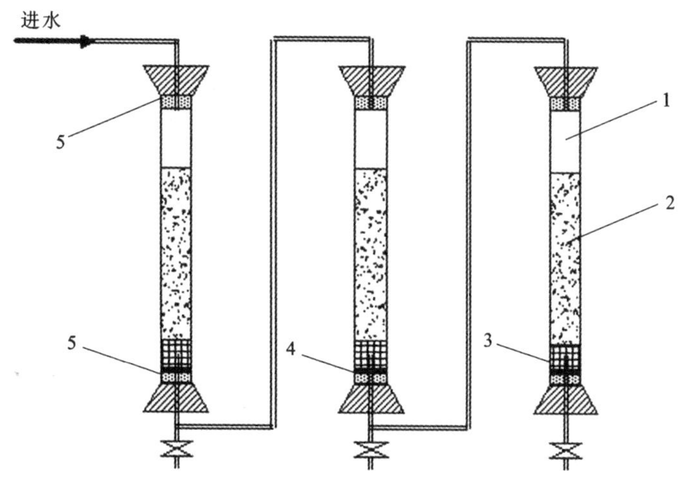

1. 有机玻璃管;2. 活性炭层;3. 承托层;4. 隔板隔网;5. 固定环。

图 2-8 连续流吸附实验装置示意图

(2)50mL 比色管:2 个(共 6 组)。

(3)500mL 或 250mL 烧杯:2 个(共 6 组)。

(4)生物染料:1 瓶。

四、实验步骤

1. 配制实验废水

采用生物染料配制实验废水，分别称取 0.4g 染料配制成 20L 的染料废水进行实验。

2. 实验装置运行

(1)在活性炭吸附柱中，各装入碳层厚 500mm 的活性炭。

(2)启动水泵，将配制好的水样连续不断地送入高位恒位水箱。

(3)打开活性炭吸附柱进水阀门，使原水进入活性炭柱，并控制流量在 100mL/min 左右。

(4)运行稳定后观察出水水样颜色并取水样测定其色度。

(5)观察和分析活性炭是否达到饱和,如果饱和,则对其进行再生,用水进行反冲洗。

(6)停泵,关闭活性炭柱进出水阀门。

3. 水样的测定

对原废水和吸附后废水分别采用目测比色法测定其色度。

五、实验数据记录与处理

1. 实验数据记录

吸附实验记录见表 2-7。

表 2-7 吸附实验记录表

第________组;姓名________;实验日期________;

温度________℃;初始浓度________mg/L。

杯号	水样体积/mL	原水样/($mg \cdot L^{-1}$)	吸附平衡后/($mg \cdot L^{-1}$)	活性炭投加量/($g \cdot L^{-1}$)	$\lg c$	$\lg(c_0-c)/m$
1						
2						
3						
4						
5						

2. 吸附等温线

(1)根据测定数据绘制吸附等温线。

(2)确定常数 k 和 n。

(3)讨论实验数据与吸附等温线的关系。

3. 连续流系统

(1)绘制第一根吸附柱的穿透曲线。

(2)计算染料在不同时间内转移到活性炭表面的量。计算方法可以采用图解面积分法(矩形法或梯形法),求得吸附管进水或出水曲线与时间的面积。

(3)画出去除量与时间的关系线。

六、思考题

(1)活性炭投加量对于吸附平衡浓度的测定有什么影响?该如何控制?

(2)实验结果受哪些因素影响较大?该如何控制?

(3)分析实验获得的吸附等温曲线的特点。

(4)活性炭的吸附容量如何测定？活性炭吸附达到饱和后能否再次利用？活性炭饱和后如何再生？

七、注意事项

(1)第一根柱子即将穿透时,可缩短取样间隔。

(2)第一根柱子出水如有染料检出,即为穿透。

(3)第一根柱子穿透后,可以把第二根作为第一根,第一根重新装上活性炭后作为第三根。

(4)实验前必须首先计算活性炭的容积,达到吸附饱和的活性炭可以收集起来集中再生。

(5)实验时要注意稳定流量,系统运行时应注意密封,防止漏水。如果发生漏水现象,应先停下进水泵,再作密封处理。

实验 2.11　过滤实验

一、实验目的

过滤是具有孔隙的物料层截留水中杂质从而使水澄清的工艺过程,过滤不仅可以去除水中细小悬浮颗粒杂质,而且细菌、病毒及有机物也会随浊度降低而被去除。本实验按照实际滤池的构造情况,内装石英砂滤料或陶瓷滤料,利用自来水进行清洁砂层过滤和反冲洗。实验目的如下:

(1)了解滤料级配原则。

(2)熟悉过滤实验设备的过滤、反冲洗过程。

(3)掌握清洁砂层过滤时水头损失变化规律。

(4)掌握反冲洗洗滤层时膨胀度和冲洗强度的关系。

二、实验原理

过滤包括两个过程,即悬浮物颗粒脱离水流流线与滤料表面接触的迁移过程及悬浮颗粒在滤料表面被附着的过程,所以滤料层能截留粒径远比滤料孔隙小的悬浮物。

在过滤当中,滤料起着核心的作用,为了取得良好的过滤效果,滤料应具有一定的级配。滤料级配是指将不同粒径的滤料按一定的比例组合。滤料是带棱角的颗粒,不是规则的球体,所说的粒径是指把滤料颗粒包围在内的球体直径(这是一个假想直径)。在生产中,简单的筛分方法是用一套不同孔径的筛子筛分滤料试样,选取合适的级配。我国现行的规范是采用 0.5mm 和 1.2mm 孔径的筛子进行筛选,取其中段,这种方法虽然简单易行,但却不能反映滤料粒径的均匀程度,因此还应该考虑级配的情况。

能反映级配状况的指标是通过筛分曲线求得的有效粒径 d_{10}、d_{80} 和不均匀系数 K_{80}。d_{10} 表示通过滤料重量 10%的孔径,它反映滤料中细颗粒的尺寸,即产生水头损失的“有效”部分尺寸;d_{80}表示通过滤料重量80%的孔径,它反映滤料中粗颗粒的尺寸;$K_{80}=d_{80}/d_{10}$。K_{80}越大,表示粗细颗粒的尺寸相差越大,滤料粒径越不均匀,这样的滤料对过滤及反冲洗均不利。尤其是反冲洗的时候,为了满足滤料粗颗粒的膨胀要求就会使细颗粒因为过大的反冲洗强度而被冲走;反之,若为了满足细颗粒不被冲走而减小冲洗强度,粗颗粒可能因为冲不起来而得不到充分的清洗。因此,滤料需要经过筛分以求得适宜的级配。

在研究过滤过程的有关问题时,常常涉及孔隙度的概念,其计算方法为:

$$m=\frac{V_n}{V} \tag{2-17}$$

式中:m为滤料孔隙度(%);V_n为滤料层孔隙体积(m^3);V为滤料层体积(m^3)。

要想过滤出好的水质,除了滤料组成须符合要求外,沉淀前或滤前投加混凝剂也是必不可少的。良好的滤层应不含有气泡,因为气泡对过滤有破坏作用:一是减小有效过滤面积,使过滤时的水头损失及滤速增加,严重时会破坏滤后水质;二是气泡会穿过滤层上升,有可能把部分细滤料或轻质滤料带出,破坏滤层结构。滤层截污量增加后,滤料孔隙度m减小,水流穿过砂层缝隙流速增大,于是水头损失增大。

过滤开始时,滤层是干净的,水头损失较小。水流通过干净滤层的水头损失称"清洁滤层水头损失"或"起始水头损失"。就普通砂滤装置而言,当滤速为8～12m/h时,该水头损失为30～40cm水柱。在通常的滤速范围内,清洁无烟煤滤料滤层中的水流属层流状态。达西通过对层流状态下水流经砂层的水头损失的试验研究,提出了流速与水头损失的经验关系式,即达西定律:

$$\Delta H_0=vL/K \tag{2-18}$$

式中:ΔH_0为清洁滤层的水头损失(cm);v为过滤速度(cm/s);L为滤层高度(cm);K为达西系数,即砂层和水流特性常数,由实验求得。

为了保证滤后的水质和过滤速率,过滤一段时间后,需要对滤层进行反冲洗,使滤料层在短时间内恢复工作能力。反冲洗流量增大后,滤料层完全膨胀,处于流态化状态。根据滤料层膨胀前后的厚度就可求出膨胀度:

$$e=\frac{L-L_0}{L_0}\times 100\% \tag{2-19}$$

式中:L为砂层膨胀后的厚度(m);L_0为砂层膨胀前的厚度(m)。

反冲洗强度的大小决定了滤料层的膨胀度,膨胀度的大小直接影响了反冲洗的效果。反冲洗的强度取决于流速,但流速并不是越大越好,冲洗流速过大,滤层膨胀度过大,使得滤层空隙中的水流剪(冲刷)力降低,而且由于滤料颗粒过于分散,碰撞摩擦概率也减小,从而使得冲洗效果变差。

三、实验装置与设备

(一)实验装置

本实验采用图2-19所示的装置。过滤和反冲洗水来自高位水箱。高位水箱的容积(图中未注出)为2m×1.5m×1.5m,高出地面10m。

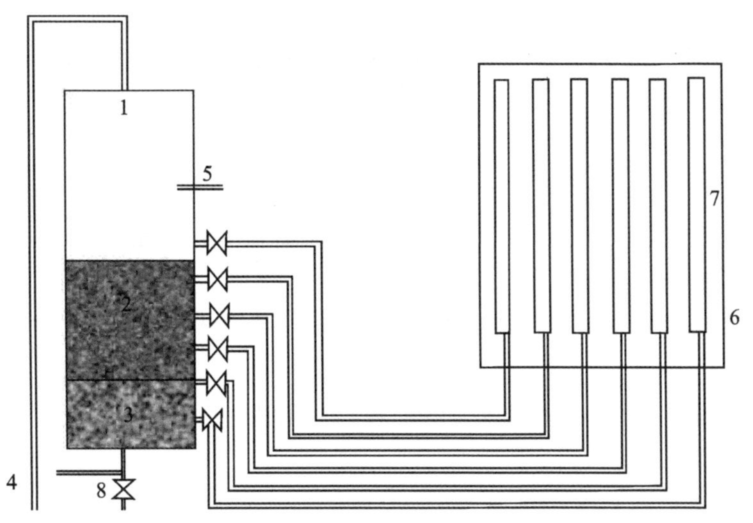

1. 过滤柱；2. 滤料层；3. 承托层；4. 水泵；
5. 反冲洗出水管；6. 测压板；7. 测压管；8. 反冲洗进水管。

图 2-9 过滤实验装置示意图

（二）实验设备

过滤柱，有机玻璃 $d=200$mm，$L=2000$mm，1 根；进水流量计，LZB-15 型，0.025～0.25m^3/h，1 个；反冲流量计，LZB-25 型，0.25～2.5m^3/h，1 个；测压板，长×宽＝3500mm×500mm，1 块；测压管，玻璃管 ϕ10×1000mm，6 根；量筒（自备），1000mL 和 100mL 各 1 个；钢尺、温度计等（自备）。

四、技术规格要求

环境温度：5～40℃；滤速：1～8m/h；反冲洗水量：1.6m^3/h（反冲洗 10min）；滤料：粗砂 1～3mm（高度为 100mm），石英砂 0.5～1.5mm（H700）；可以采用大滤帽 1 只；过滤水量：$W=0.0314m^2$，$Q=W\times V=0.0314\times1=0.0314(m^3/h)$，$Q=W\times V=0.0314\times8=0.2512(m^3/h)$；反冲洗水量：$0.0314\times50=1.57(m^3/h)$；过滤柱处理水量：75L/h，过滤柱直径 200mm，壁厚度 8mm，高度 2000mm；测压板：高×宽＝2100mm×260mm；测压管：ϕ10mm×2000mm，6 根。

五、实验步骤及注意事项

（一）清洁砂层过滤水头损失实验步骤

（1）开启阀门 8，冲洗滤层 1min。

（2）关闭阀门 8，开启过滤进出水阀门，快滤 5min 使砂面保持稳定。

（3）调节过滤进出水阀门，使出水流量为 8～10mL/s，待测压管中水位稳定后，记下滤柱最高、最低两根测压管中水位值。

(4)增大过滤水量，使过滤流量依次为 13mL/s、17mL/s、21mL/s、26mL/s 左右，最后一次流量控制在 60～70mL/s，分别测出滤柱最高、最低两根测压管中水位值，记入表 2-8 中。

(5)量出滤层厚度 L。

(二)滤层反冲洗实验步骤

(1)量出滤层厚度 L_0，慢慢开启反冲洗进水阀门 6，使滤料刚刚膨胀起来，待滤层表面稳定后，记录反冲洗流量和滤层膨胀后的厚度 L。

(2)开大反冲洗阀门 6，改变反冲洗流量。按步骤(一)测出反冲洗流量和滤层膨胀后的厚度 L。

(3)改变反冲洗流量 6～8 次，直至最后一次砂层膨胀率达 100%为止。测出反冲洗流量和滤层膨胀后的厚度 L，记入表 2-9。

(三)注意事项

(1)反冲洗滤柱中的滤料时，不要使进水阀门开启度过大，应缓慢打开以防滤料冲出柱外。

(2)在过滤实验前，滤层中应保持一定水位，不要把水放空以免过滤实验使测压管中积存空气。

(3)反冲洗时，为了准确地量出砂层厚度，一定要在砂面稳定后再测量，并在每一个反冲洗流量下连续测量三次。

六、实验结果整理

(一)清洁砂层过滤水头损失实验结果整理

(1)将过滤时所测流量、测压管水头填入表 2-8。

(2)根据表 2-8 中第 5 列和第 8 列数据绘出水头损失 H 与流速 v 的关系曲线。

表 2-8　清洁砂层水头损失实验记录表

<table>
<tr><th rowspan="3">序号</th><th rowspan="3">测定次数</th><th rowspan="3">流量 Q/(mL·s^{-1})</th><th colspan="2">滤速</th><th colspan="3">实测水头损失</th><th rowspan="3">备注</th></tr>
<tr><th rowspan="2">Q/W/(cm·s^{-1})</th><th rowspan="2">Q/W/(m·h^{-1})</th><th colspan="2">测压管水头/cm</th><th rowspan="2">$h=h_b-h_a$/cm</th></tr>
<tr><th>h_b</th><th>h_a</th></tr>
<tr><td rowspan="4">1</td><td>1</td><td></td><td></td><td></td><td></td><td></td><td></td><td></td></tr>
<tr><td>2</td><td></td><td></td><td></td><td></td><td></td><td></td><td></td></tr>
<tr><td>3</td><td></td><td></td><td></td><td></td><td></td><td></td><td></td></tr>
<tr><td>平均</td><td></td><td></td><td></td><td></td><td></td><td></td><td></td></tr>
<tr><td>…</td><td>…</td><td></td><td></td><td></td><td></td><td></td><td></td><td></td></tr>
</table>

注：h_b为最高测压管水位值；h_a为最低测压管水位值。

(二)滤层反冲洗实验结果整理

按照反冲洗流量变化情况,将膨胀后砂层厚度填入表 2-9。

表 2-9 滤层反冲洗实验记录表

序号	测定次数	反冲洗流量/($mL \cdot s^{-1}$)	反冲洗强度/($cm \cdot s^{-1}$)	膨胀后砂层厚度/cm	砂层膨胀度 $e=\frac{L-L_0}{L_0}$/%
1	1				
	2				
	3				
	平均				
…	…				

反冲洗前滤层厚度 L_0 = ________(cm)

根据表 2-9 中第 4 列和第 5 列数据绘出砂层膨胀度随反冲洗流量变化的曲线。

七、实验结果讨论

(1)滤层内有空气泡时对过滤、冲洗有何影响?

(2)冲洗强度为何不宜过大?

(3)实验结果能获取哪些工艺设计参数?

(4)本实验存在什么问题?如何改进?

实验 2.12 离子交换实验

一、实验目的

离子交换法是处理电子、医药、化工等工业用水的一般方法。它可以去除或交换水中溶解的无机盐,降低水的硬度、碱度和制取无离子水,适宜于电解质浓度较低的水体的净化处理。在应用离子交换法进行水处理时,需要根据离子交换树脂的性能设计离子交换设备,决定交换设备的运行周期和再生处理方法。这既包括理论计算问题,又包括操作问题。本实验模拟实际离子交换净水体系,设计了阴-阳-阴-阳离子交换体系,可进行净水和再生操作,同时监测进出水的相关指标,实验旨在强化以下几个方面的内容。

(1)加深对离子交换基本理论的理解。

(2)了解并掌握离子交换设备的操作方法。

(3)熟悉离子交换除盐(纯水制备)过程。

(4)熟悉纯水水质的检测方法(电导仪、酸度计的使用)。

二、实验原理

离子交换是在离子交换树脂与电解质溶液之间进行的一种特殊的两相间的固体化学吸附过程,它服从当量定律和质量作用定律,交换过程是可逆的。离子交换法就是基于等当量交换和可逆反应进行交换和再生。

水中各种无机盐类经电离生成阳离子和阴离子,经过氢型离子交换树脂时,水中的阳离子被氢离子取代,形成酸性水,酸性水经过氢氧型离子交换树脂时,水中的阴离子被氢氧根离子取代,进入水中的氢离子与氢氧根离子组成水分子(H_2O),从而达到去除水中无机盐的目的。氢型树脂失效后,用盐酸(HCl)或硫酸(H_2SO_4)再生;氢氧型树脂失效后,用烧碱(NaOH)液再生。以氯化钠(NaCl)代表水中无机盐类,水质除盐的基本反应式如下。

(1)氢离子交换。交换:$RH+NaCl\rightarrow RNa+HCl$;再生:$2RNa+\begin{Bmatrix}2HCl\\H_2SO_4\end{Bmatrix}\rightarrow 2RH+Na_2\begin{Bmatrix}Cl_2\\SO_4\end{Bmatrix}$。

(2)氢氧根离子交换。交换:$ROH+HCl\rightarrow RCl+H_2O$;再生:$RCl+NaOH\rightarrow ROH+NaCl$。

三、实验装置及工艺流程

实验装置如下:除盐装置1套;电导仪1台;100mL量筒1个、秒表1块(控制再生液流量用);2m钢卷尺1个;实验水样(氯化钙溶液),浓度约100mg/L。工艺流程见图2-10。

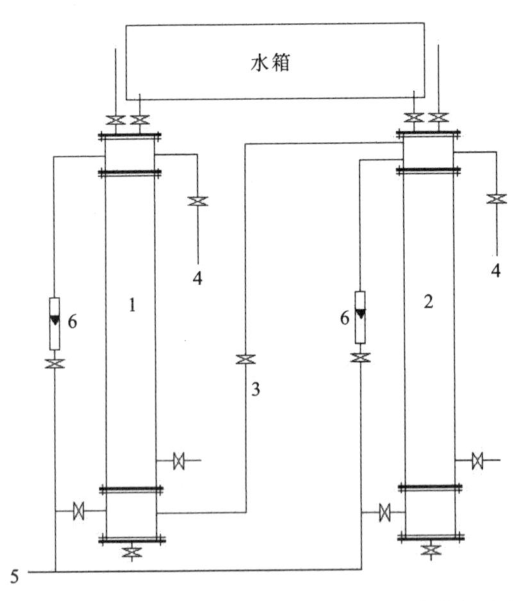

1.阳离子交换柱;2.阴离子交换柱;3.离子交换柱进水管与反冲洗排水管;
4.阳离子交换柱放空管;5.离子交换柱进水管;6.转子流量计。

图2-10　工艺流程图

四、离子交换除盐实验步骤

(1)熟悉装置,研究管路连接方式,明白阀门作用,看懂管路流程。

(2)确认系统所有阀门处于“关闭”状态。

(3)测定原水 pH 值、电导率,并记录。

(4)开启离子交换柱进水阀门和出水阀门,按实验要求调整交换柱内流速。

(5)测定各离子交换柱出水电导率。

(6)依次按交换速度为 15m/h、20m/h、25m/h、30m/h、35m/h 进行交换,测定各离子交换柱出水电导率。

(7)交换结束后,阴阳离子交换柱分别用 15m/h 自来水反洗 2min。

(8)分别通入 5%HCl、4%NaOH 至淹没交换层 10cm,浸泡反洗 10min。

(9)实验结束后,排出再生液,用纯水浸泡树脂(不排出)。

(10)关闭所有进出水阀门。

五、实验记录

测原水 pH 值、电导率,测量交换柱内径及树脂层高度,所得数据记入表 2-20 中。

水样按照一定的流速通过串联的阴阳离子交换柱。通过流量计调节流量,在不同的流速下试验。每个流速每隔 5min 测一次出水的电导率(表 2-11)。

表 2-10 原水水质及实验装置有关数据

第________组;姓名________;实验日期________;

酸度计型号________;电导率仪型号________;

水样来源________;原水温度________℃;pH ________;原水电导率________μS/cm。

原水分析	交换柱名称	阳离子交换柱	阴离子交换柱
电导率 K_0	交换柱内径/cm		
	树脂层高度/cm		

进水流速	出水水质			
	阳离子柱 1 号		阴离子柱 2 号	
	pH 值	电导率/($\mu S \cdot cm^{-1}$)	pH 值	电导率/($\mu S \cdot cm^{-1}$)

表 2-11 交换实验记录

运行流速/$(m\cdot h^{-1})$	运行流量/$(L\cdot h^{-1})$	运行时间/min	出水电导率 K_1/$(\mu S\cdot cm^{-1})$

六、数据处理与分析

以(K_0-K_1)为纵坐标，时间 t 为横坐标，绘制不同处理时间和出水电导率变化曲线。

七、思考题

(1)如何提高除盐实验出水水质？

(2)强碱阴离子交换床为何一般都设置在强酸阳离子交换床之后？

八、注意事项

(1)若在运行过程中发现交换柱内的水位不断上升，不能维持在某一水平上，则表示该交换柱顶端法兰密封不良，有漏气现象，需均匀拧紧顶端密封法兰螺丝，保证不漏气。否则不能保障各柱流量恒定相同。

(2)树脂再生时，需分别用 5%的 HCl 或 NaOH 浸泡 2h 以上，然后用清水洗涤。洗涤时应考虑用最少的清水量洗净多余的酸、碱，且各柱必须独立从柱底部直接排放洗涤尾水，切不可将前柱的洗涤尾水引入后面的柱内。

(3)实验最少应选用 5 个不同的进水流量，以便能较正确地绘制出气固比与出水悬浮固体浓度(浊度)关系曲线。

实验 2.13 曝气设备的充氧能力的测定实验

一、实验目的

(1)加深理解曝气充氧的机理及影响因素。

(2)掌握曝气设备清水充氧性能测定的方法。

(3)测定曝气设备的氧总转移系数 $KLa_{(20)}$、动力效率 E_p。

二、实验原理

曝气的作用是向液相供给溶解氧。氧由气相转入液相的机理常用双膜理论来解释。双膜理论是基于在气液两相界面存在着两层膜(气膜和液膜)的物理模型。氧在膜内总是以分子扩散的方式转移,其速度总是慢于在混合液内发生的对流扩散方式转移的速度。因此,只要液体内氧未饱和,氧分子就会从气相转移到液相。

曝气设备氧总转移系数 KLa 的计算式:

$$\mathrm{KLa} = \frac{1}{t - t_0}\ln\frac{C_s - C_0}{C_s - C_t} \tag{2-20}$$

式中:KLa 为氧总转移系数(L/min);t、t_0 为曝气时间(min);C_0 为曝气开始时烧杯内溶解氧浓度(mg/L);C_s 为烧杯内溶液饱和溶解氧值(mg/L);C_t 为曝气某时刻 t 时,烧杯内溶液溶解氧浓度(mg/L)。

三、实验设备与试剂

曝气装置,1 个;大烧杯,1000mL,1 个;溶解氧测定仪,1 台;电子天平,1 台;玻璃棒,1 根;无水亚硫酸钠;氯化钴。

四、实验步骤

(1)向 1000mL 的烧杯中加入清水,测定水中溶解氧值,计算池内溶解氧含量 $G=D_0 \cdot V$。

(2)计算投药量。

①脱氧剂(无水亚硫酸钠)用量:

$$g = (1.1 \sim 1.5) \times 8 \cdot G \tag{2-21}$$

②催化剂(氯化钴)用量:投加浓度为 0.1mg/L。

(3)将药剂投入烧杯内,至烧杯内溶解氧值为 0 后,启动曝气装置,向烧杯曝气,同时开始计时。

(4)每隔 1min(前三个间隔)和 0.5min(后几个间隔)测定池内溶解氧值,直至烧杯内溶解氧值不再增长(饱和)为止。随后关闭曝气装置。

五、实验记录

将实验数据填入表 2-12。

表 2-12 原始实验记录表

水样体积 V ________L;水温:________℃;初始溶解氧浓度 C_0 ________mg/L

无水亚硫酸钠用量________g;氯化钴用量________g。

测量时间/min	1	2	3	3.5	4.0	4.5	5	…
溶解氧浓度/(mg·L^{-1})								…

六、实验结果整理

(1)计算氧总转移系数 $\mathrm{KLa}_{(T)}$(表 2-13)。

表 2-13　氧总转移系数 $KLa_{(T)}$ 计算表

$t-t_0$/min	C_t/(mg·L^{-1})	C_s-C_t/(mg·L^{-1})	$\ln\frac{C_s}{C_s-C_t}$	$\tan\alpha=\frac{1}{t-t_0}$	$\frac{1}{(t-t_0)}$	$KLa_{(T)}$/min^{-1}

以充氧时间 t 为横坐标，水中溶解氧浓度变化 $\ln\frac{C_s}{C_s-C_t}$ 为纵坐标，绘制充氧曲线，所得直线的斜率即为 KLa。

(2)计算温度修正系数 K，根据 $KLa_{(T)}$，求氧总转移系数 $KLa_{(20)}$。

$$K=1.024^{(20-T)} \tag{2-22}$$

$$KLa_{(20)}=K\cdot KLa_{(T)}=1.024^{(20-T)}\times KLa_{(T)} \tag{2-23}$$

(3)计算充氧设备充氧能量 E_L($kgO_2/h\cdot m^3$)。

$$E_L=KLa_{(20)}\cdot C_s \tag{2-24}$$

式中：C_s 为 1 个标准大气压下，20℃时溶解氧饱和值，$C_s=9.17$mg/L。

(4)计算曝气设备动力效率 E_p[kg/(kW·h)]。

$$E_p=\frac{E_L\cdot V}{N} \tag{2-25}$$

式中：N 为理论功率，只计算曝气充氧所耗有用功(kW)；V 为曝气池有效体积(m^3)。

七、实验结果分析与小结

对整理得到的实验结果进行分析，并对本次实验进行小结(包括体会、心得)。

八、思考题

(1)曝气充氧原理及其影响因素是什么？

(2)温度修正、压力修正系数的意义是什么？

(3)氧总转移系数 KLa 的意义是什么？

实验 2.14　活性污泥性质的测定

一、实验目的

(1)了解评价活性污泥性能的四项指标及其相互关系，加深对活性污泥性能，特别是污泥活性的理解。

(2)观察活性污泥性状及生物相组成。

(3)掌握污泥性质,如混合液悬浮固体浓度(MLSS)、混合液挥发性悬浮固体浓度(MLVSS)、污泥沉降比(SV)、污泥体积指数(SVI)的测定方法。

二、实验原理

活性污泥是人工培养的生物絮凝体,它由好氧微生物及其吸附的有机物组成。活性污泥具有吸附和分解废水中有机物(有些也可利用无机物质)的能力,显示出生物化学活性。活性污泥组成可分为四部分:有活性的微生物(Ma)、微生物自身氧化残留物(Me)、吸附在活性污泥上不能被微生物降解的有机物(Mi)和无机悬浮固体(Mii)。

活性污泥的评价指标一般有生物相、混合液悬浮固体浓度(MLSS)、混合液挥发性悬浮固体浓度(MLVSS)、污泥沉降比(SV)、污泥体积指数(SVI)等。

在生物处理废水的设备运转管理中,可观察活性污泥的颜色和性状,并在显微镜下观察生物相的组成。

混合液悬浮固体浓度(MLSS)是指曝气池单位体积混合液中活性污泥悬浮固体的质量,又称为污泥浓度。它由活性污泥中 Ma、Me、Mi 和 Mii 四项组成,单位为 mg/L 或 g/L。

混合液挥发性悬浮固体浓度(MLVSS)是指曝气池单位体积混合液悬浮固体中挥发性物质的质量,表示有机物含量,即由 MLSS 中的前三项组成,单位为 mg/L 或 g/L。一般生活污水处理厂曝气池混合液 MLVSS/MLSS 在 0.7～0.8 之间。

性能良好的活性污泥,除了具有去除有机物的能力外,还应有良好的絮凝沉降性能。活性污泥的絮凝沉降性能可用污泥沉降比(SV)和污泥体积指数(SVI)来评价。

污泥沉降比(SV)是指曝气池混合液在 100mL 量筒中静置沉淀 30min 后,污泥体积与混合液体积之比,用百分数(%)表示。活性污泥混合液经 30min 沉淀后,沉淀污泥可接近最大密度,因此可将 30min 作为测定污泥沉降性能的时间。一般生活污水和城市污水的 SV 为 15%～30%。

污泥体积指数(SVI)是指曝气池混合液沉淀 30min 后,每单位质量干泥形成的湿污泥的体积,单位为 mL/g,但习惯上把单位略去。SVI 的计算式为:

$$\mathrm{SVI}=\frac{\mathrm{SV(mL/L)}}{\mathrm{MLSS(g/L)}}=\frac{\mathrm{SV(\%)}\times 10\mathrm{(mL/L)}}{\mathrm{MLSS(g/L)}}$$

在一定污泥量下,SVI 反映了活性污泥的絮凝沉降性能。SVI 较高,表示 SV 较大,污泥沉降性能较差;SVI 较低,表示污泥颗粒密实,污泥老化,沉降性能好。但如果 SVI 过低,则污泥矿化程度高,活性及吸附性都较差。一般来说,当 SVI 为 100～150 时,污泥沉降性能良好;当 SVI>200 时,污泥沉降性能较差,污泥易膨胀;当 SVI<50 时,污泥絮体细小紧密,含无机物较多,污泥活性差。

三、实验设备、仪器、试剂

1. 实验设备

活性污泥污水处理装置 1 套(图 2-11),包括曝气池、二次沉淀池、原水池各 1 个,提升泵、污泥回流泵、风机各1台,液体流量计、气体流量计各1个,管件、阀门、曝气头等辅助材料1批。

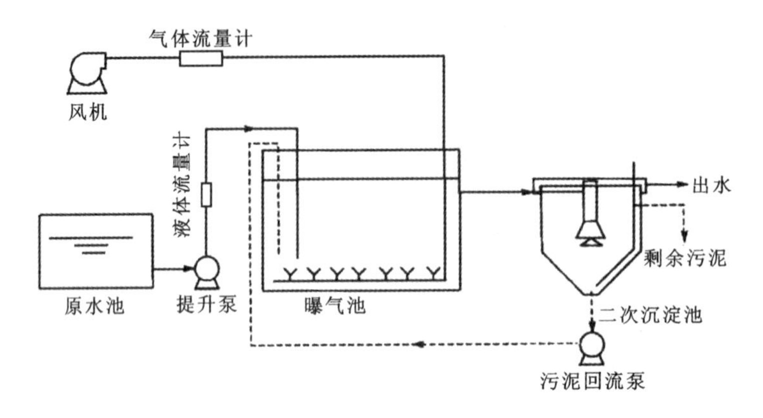

图2-11　活性污泥制备系统图

2. 实验仪器、试剂

曝气池:1套;真空过滤装置:1套;显微镜:1台;分析天平:1台;烘箱:1台;马弗炉:1台;载玻片和盖玻片,香柏油;100mL量筒:1只;定量滤纸:数张;布氏漏斗:1个;称量瓶:1个;干燥器:1只;磁坩埚:1只;普通电炉:1台;500mL烧杯:2个;玻璃棒:2根。

四、实验步骤

1. 污泥培养与驯化

取污水厂污泥约3L置于曝气池内,并加入自配的葡萄糖营养液(按照COD∶N∶P=100∶5∶1的比例配制)至满,闷曝24h,以恢复污泥的活性和增加污泥浓度。此时开始小流量动态进水,使待处理废水与营养液按照一定比例进入曝气池,并观察测量废水中有机物的去除率,在此过程中,逐渐增大进水流量,增加待处理废水在进水中所占的比例,最终达到100%。当废水中有机物去除率较高且出水水质稳定时,污泥培养和驯化成功。

2. 活性污泥性状及生物相观察

用肉眼观察活性污泥的颜色和性状。取一滴曝气池混合液于载玻片上,盖上盖玻片,并在显微镜下观察活性污泥的颜色、菌胶团及生物相的组成。

3. 污泥沉降比(SV)测定

从曝气池中取混合均匀的泥水混合液100mL置于100mL量筒中,静置30min后,观察沉降的污泥占整个混合液的比例,记下结果。实验操作步骤如下:

(1)将干净的100mL量筒用蒸馏水冲洗后甩干。

(2)取100mL混合液置于100mL量筒中,并从此时开始计算沉淀时间。

(3)观察活性污泥凝絮和沉淀的过程与特点，且在第 1min、3min、5min、10min、15min、20min、30min 分别记录污泥界面以下的污泥体积。

(4)第 30min 的污泥体积(mL)即为污泥沉降比 SV(%)。

4. 污泥浓度(MLSS)

污泥浓度是单位体积的曝气池混合液中所含污泥的干重，实际上是指混合液悬浮固体的数量，单位为 mg/L 或 g/L。实验操作步骤如下：

(1)将滤纸和称量瓶放在 103～105℃烘箱中干燥至恒重，称量并记录 W_1。

(2)将该滤纸剪好平铺在布氏漏斗上(剪掉的滤纸不要丢掉)。

(3)将测定过沉降比的 100mL 量筒内的污泥全部倒入布氏漏斗，过滤(用水冲净量筒，水也倒入布氏漏斗)。

(4)将载有污泥的滤纸移入称量瓶中，放入烘箱(103～105℃)中烘干至恒重，称量并记录 W_2。

(5)污泥干重$=W_2-W_1$。

(6)污泥浓度计算。

$$污泥浓度(g/L)=[(滤纸质量+污泥干重)-滤纸质量]\times 10 \tag{2-26}$$

5. 污泥体积指数(SVI)

污泥体积指数是指曝气池混合液经 30min 静沉后，1g 干污泥所占的容积(单位为 mL/g)。计算式如下：

$$SVI=\frac{SV(\%)\times 10(mL/L)}{MLSS(g/L)} \tag{2-27}$$

SVI 值能较好地反映出活性污泥的松散程度(活性)和凝聚、沉淀性能。一般以 100 左右为宜。

6. 污泥灰分和挥发性污泥浓度(MLVSS)

挥发性污泥就是挥发性悬浮固体，它包括微生物和有机物，干污泥经灼烧后(600℃)剩下的灰分称为污泥灰分。实验操作步骤如下：

(1)测定方法：先将已经恒重的磁坩埚称量并记录(W_3)，再将测定过污泥干重的滤纸和干污泥一并放入磁坩埚中，先在普通电炉上加热碳化，然后放入马弗炉内(600℃)灼烧 40min，取出置于干燥器内冷却，称量(W_4)。

(2)计算。

$$污泥灰分=\frac{灰分质量}{干污泥质量}\times 100\% \tag{2-28}$$

$$MLVSS=\frac{干污泥质量-灰分质量}{100}\times 1000(g/L) \tag{2-29}$$

五、实验数据记录与处理

(1)实验数据记录。

参照表 2-14 记录实验数据。

表 2-14　原始实验记录表

静沉时间(min)	1	3	5	10	15	20	30
污泥体积(mL)							
W_1/g							
W_2/g							
W_3/g							
W_4/g							

(2)污泥沉降比 SV(%)计算。

$$SV = \frac{V_{30}}{V} \times 100\% \tag{2-30}$$

(3)混合液悬浮固体浓度 MLSS(mg/L)计算。

$$MLSS = \frac{W_2 - W_1}{V} \tag{2-31}$$

式中:W_1为滤纸的净重(mg);W_2为滤纸及截留悬浮物固体的质量之和(mg);V为水样体积(L)。

(4)混合液挥发性污泥浓度 MLVSS(mg/L)计算。

$$MLVSS = \frac{(W_2 - W_1) - (W_4 - W_3)}{V} \tag{2-32}$$

式中:W_3为坩埚质量(mg);W_4为坩埚与无机物总质量(mg);其余符号意义同上。

(5)污泥体积指数 SVI 计算。

$$SVI = \frac{SV(mL/L)}{MLSS(g/L)} = \frac{SV(\%) \times 10(mL/L)}{MLSS(g/L)} \tag{2-33}$$

(6)绘出 100mL 量筒中污泥体积随沉淀时间的变化曲线。

六、注意事项

(1)测定坩埚质量时,应将坩埚放在马弗炉中灼烧至恒重为止。

(2)由于实验项目多,实验前准备工作要充分。

(3)仪器设备应按说明调整好,以减小误差。

(4)污泥过滤时不可使污泥溢出纸边。

七、思考题

(1)测定污泥沉降比时,为什么要静置沉淀 30min?

(2)污泥体积指数 SVI 的倒数表示什么？为什么？

(3)对于城市污水来说，SVI 大于 200 或小于 50 各说明什么问题？

(4)通过所得到的污泥沉降比和污泥体积指数，评价该活性污泥法处理系统中活性污泥的沉降性能，是否有污泥膨胀的倾向或已经发生膨胀？

实验 2.15　放电等离子体技术降解酚类废水实验

通过在非平衡电场内施加强电压，诱发放电，形成非平衡放电等离子体。这一过程同时具有物理效应和化学效应，物理效应可形成紫外光、局部高温和冲击波，其强度取决于放电的形式和强烈程度；化学过程主要是促使活性物质的形成，在以空气和氧气为曝气气源时，主要的活性物质有·OH、O·、H·、HO_2^+、H_2O_2 和 O_3 等。因此，针对水处理而言，非平衡放电等离子体技术可利用放电形成的高能自由电子、超声、紫外光、冲击波以及活性物质，形成多因素的协同降解作用，增强处理效果，是集光、电、化学氧化于一体的新兴高级氧化技术，其应用于有毒有害难降解有机废水治理的潜力得到了多方关注和验证。

一、实验目的

本实验设计了放电等离子体降解有机废水实验体系，以苯酚废水为目标废水。实验可以对主要电参数如峰值电压和电流进行优化，对比不同输入能量下有机物的去除效率。通过实验可熟悉放电等离子体技术的主要设备和操作，观察放电实验现象，加强对放电原理和有机物降解机理的理解和掌握，通过分析液相监测指标的数值变化，分析放电可能引发的液相化学过程。

二、实验原理

高压脉冲等离子体主要是由高电压冲击电流发生装置在水中放电产生的。脉冲电源升压到 1～100kV，并对储能电器(主要是高压储能电容)充电。当到达预定电压后，触发开关，高压电能在 1～10μs 内施加到水体中，其中脉冲电压上升时间小于 100μs。在强电场(1～100kV/cm^2)、陡前沿的脉冲电压和窄脉宽的条件下，水体中仅电子加速，产生高能电子，诱发微气泡，引发电子“雪崩”。电子雪崩的根须状先导(直径为 0.1～2mm)，当其到达对面电极时，就形成放电通道，即冷等离子体通道。高脉冲电流($10\sim10^3$A)使通道内形成高能量密度空间($10^2\sim10^3 J/cm^3$)，电子能量达到 $10\sim10^2$eV，由此引起局部高温($10^3\sim10^5$K)。这样，在放电过程中，放电通道内完全被稠密的等离子体充满，且辐射出很强的紫外线(波长为 75～185nm)。同时，由于瞬间高温加热，放电通道内压力急剧升高，可达到 3～10GPa 量级，从而使等离子体以较高的速度($10^2\sim10^3$m/s)迅速向外膨胀，由此完成整个击穿过程。

高温、高压等离子体通道的产生，伴随着强烈的紫外光(波长为 75～185nm)、冲击波(3～10GPa)、超声空穴及超临界水状态等物理作用，即等离子体通道热解、紫外线光解、液电空化降解、超临界水氧化降解，同时伴随着大量高氧化活性自由基的产生，特别是羟基自由基的产生，即产生等离子体的化学作用。而且，等离子体的物理作用会促进等离子体化学作用，促使在等离子体通道领域及其外部区域的溶液中引起复杂的协同物理化学反应过程。

普遍认为，放电体系促使有机物降解的主要活性物质为·OH、H_2O_2和O_3，其中，起主要作用的是羟基自由基。有机物在放电体系中的降解涉及一系列极为复杂的化学反应。带苯环的有机物降解主要由羟基化反应引发，以对氯苯酚为例，生成对苯二酚、对苯醌和对氯邻苯二酚等，之后以开环反应为主，开环后的主要产物为低分子有机酸或醛。

苯酚浓度测定方法采用水质挥发酚测试方法。

三、实验装置和仪器、试剂

1. 实验装置

实验装置如图 2-12 所示，包括高压电源 1 台，放电反应器 1 个，鼓风机 1 台，气体流量计 1 个。

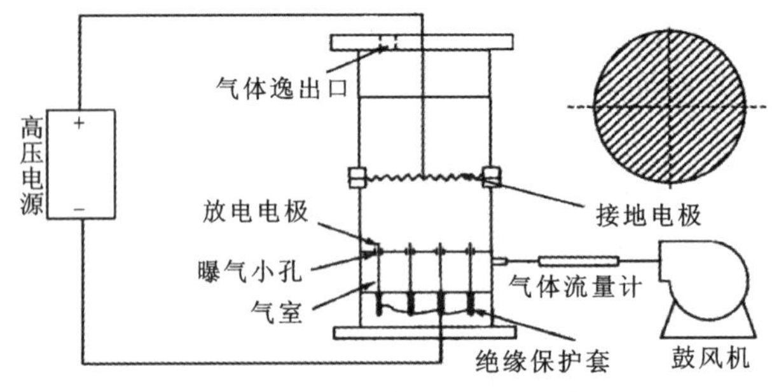

图 2-12　高压脉冲放电装置示意图

2. 仪器、试剂

分光光度计 1 台；酸度计 1 台；接地放电棒 1 根；500mL 烧杯 3 个；2mL 移液管 3 支；25mL 比色管 10 支；洗耳球 1 个；100mg/L 苯酚废水 1L；其他总酚测定方法中所含试剂。

四、实验步骤

（1）绘制苯酚溶液的工作曲线：①配制 100mg/L 的苯酚溶液；②取一定样品，添加显色试剂；③确定产生最大吸收波长（给出最大吸收波长 510nm）；④分别取 0mL、0.5mL、1.0mL、1.5mL、2.0mL、2.5mL 的 100mg/L 苯酚溶液，用比色管定容到 25mL，分别按步骤添加显色试剂，用分光光度计在 510nm 测得吸光度；⑤画出吸收量与苯酚溶液浓度（mg/L）的关系曲线，即标准曲线。

（2）开启鼓风机，调节气体流量为 200mL/min。

（3）取 1L 苯酚模拟废水倒入放电反应器，盖上反应器上盖。

（4）开启电源总开关，调节频率至 140Hz。

（5）旋动升压旋钮，调节峰值电压至 20kV，并开始计时。

(6)间隔 5min 取样分析苯酚浓度并测定 pH。

(7)0.5h 后调节峰值电压至 25kV,同样时间间隔取样分析。

(8)最后一个样品取出后,旋动电压调节旋钮直至电压为零。

(9)用放电棒轻触反应器的电晕电极,放掉残余电荷。

(10)旋动频率调节旋钮,直至频率降为零。

(11)倒出反应器内残余溶液(倒入废液回收桶),清洗反应器。

(12)关闭鼓风机,切断所有带电设备电源连线。

五、实验数据及结果分析

(1)按表 2-15、表 2-16 记录实验数据。

表 2-15　峰值电压数据记录表(电压不同)

第________组;姓名________;实验日期________;

气体流量________m^3;重复频率________Hz。

放电时间/min		5	10	15	20	25	30
苯酚浓度/($mg \cdot L^{-1}$)	20kV						
	25kV						
pH 值	20kV						
	25kV						

表 2-16　峰值电压数据记录表(频率不同)

第________组;姓名________;实验日期________;

气体流量________m^3;峰值电压________m^3。

放电时间/min		5	10	15	20	25	30
苯酚浓度/($mg \cdot L^{-1}$)	150Hz						
	200Hz						
pH 值	150Hz						
	200Hz						

(2)绘制 pH 值随时间变化的曲线。

(3)绘制苯酚浓度随时间变化的曲线。

(4)计算相应时间苯酚的去除率,并绘制去除率-放电时间曲线。

去除率按下式计算:

$$\eta = \frac{c_0 - c_t}{c_0} \times 100\% \tag{2-34}$$

式中:η 为去除率;c_t 为 t 时间所测苯酚浓度($mg \cdot L^{-1}$);c_0 为初始苯酚浓度($mg \cdot L^{-1}$)。

六、思考题

(1)苯酚降解过程中液相 pH 值有什么变化?变化原因是什么?

(2)为什么要曝气?分析曝气引起的等离子体变化过程。

(3)峰值电压对苯酚的去除率具有怎样的影响?分析其影响因素。

七、注意事项

(1)确保高压脉冲电源和反应器地极接大地。

(2)电源工作时,请勿靠近,保持 2m 以上距离,避免无关人员靠近。工作完毕后,在确定控制台停止按钮亮灯之后,用放电棒泄放掉残余电压,然后进行其他操作。

(3)严格遵守电源的开机、关机顺序。电源的开机顺序:①按启动按钮;②调节频率到所需要的数值;③调节高压到所需要的数值。电源的关机顺序:①将高压输出归至零位;②将频率输出归至零位;③按停止旋钮。

(4)高压脉冲电源的极限输出电压为+50kV,工作频率为 200Hz,操作过程中,禁止超过电源的极限电压和频率。电源工作的一般范围+15~+40kV,频率 0~180Hz。

(5)高压输出电缆(电源箱体顶部,黑色单芯)在使用时不允许接近“地”或较低电位的物体。

实验 2.16　生物转盘实验

一、实验目的

本实验模拟工程生物转盘系统的运行,展示了生物转盘的基本构造、工艺流程和主要辅助设备。实验过程中,需要学生进行生物转盘系统运行和维护的操作,对常规运行中需要监测的指标进行实际的测定,树立生物转盘系统运行与维护的基本概念并初步掌握生物转盘的基本操作。

(1)通过观察完全混合式活性污泥法处理系统运行,加深对其运行特点和规律的认识。

(2)通过对模型实验系统的调试和控制,初步培养进行小型模拟实验的基本技能。

(3)熟悉和了解活性污泥处理系统的控制方法。

二、实验原理

生物转盘(又名转盘式生物滤池)是一种生物膜法处理设备,去除废水中有机污染物的机理与生物滤池基本相同,但构造形式与生物滤池很不相同,主要组成部分有转动轴、转盘、废水处理槽和驱动装置等。

生物转盘的主体是垂直固定在水平轴上的一组圆形盘片和一个同它配合的半圆形水槽。微生物生长并形成一层生物膜附着在盘片表面,40%~45%的盘面(转轴以下的部分)浸没在废水中，上半部敞露在大气中。工作时，废水流过水槽，电动机转动转盘，生物膜轮流和大气、废水接触，浸没时吸附废水中的有机物，敞露时吸收大气中的氧气。转盘的转动带进空气，并引起水槽内废水紊动，使槽内废水中的溶解氧均匀分布。生物膜的厚度为0.5～2.0nm，随着膜的增厚，内层的微生物呈厌氧状态，当其失去活性时，生物膜自盘面脱落，并随同出水流至二次沉淀池。

盘片的材料要求质轻、耐腐蚀、坚硬和不变形。目前多采用聚乙烯硬质塑料或玻璃钢制作盘片。转盘可以是平板或由平板与波纹板交替组成。盘片直径一般是2～3m，最大为5m，轴长通常小于7.6m，盘片净间距为20～30mm。当系统要求的盘片总面积较大时，可分组安装，一组称一级，串联运行。转盘分级布置使其运行较灵活，可以提高处理效率。

水槽可以用钢筋混凝土或钢板制作，断面直径比转盘略大(一般为20～40mm)，使转盘既可以在槽内自由转动，脱落的残膜又不致留在槽内。

驱动装置通常采用附有减速装置的电动机。根据具体情况，也可以采用水轮驱动或空气驱动。

为降低生物转盘法的动力消耗、节省工程投资和提高处理设施的工作效率，近年生物转盘有了一些新发展，出现了空气驱动的生物转盘、与沉淀池合建的生物转盘、与曝气池组合的生物转盘和藻类转盘等。空气驱动的生物转盘是在盘片外缘周围设空气罩，在转盘下侧设曝气管，管上装有扩散器，空气从扩散器吹向空气罩，产生浮力，使转盘转动。空气驱动的生物转盘主要应用于城市污水的二级处理和消化处理。

与沉淀池合建的生物转盘是把平流沉淀池做成两层，上层设置生物转盘，下层是沉淀区。生物转盘用于初级沉淀池时可起生物处理作用，用于二次沉淀池时可进一步改善出水水质。

与曝气池组合的生物转盘是在活性污泥法曝气池中设生物转盘，以提高原有设备的处理能力并优化处理效果。

以往生物转盘主要用于水量较小的污水厂站，近年的实践表明，生物转盘也可以用于日处理量20万t以上的大型污水处理厂。根据需要，生物转盘可用作完全处理、不完全处理或工业废水的预处理。

在我国，生物转盘主要用于处理工业废水。此外，生物转盘在化学纤维、石油化工、印染、皮革和煤气发生站等行业的工业废水处理方面也得到应用，效果良好。

生物转盘的主要优点是动力消耗低、抗冲击负荷能力强、无须回流污泥、管理运行方便，缺点是占地面积大、散发臭气，在寒冷的地区需作保温处理。

三、实验装置、仪器、试剂

1. 实验装置

生物转盘实验装置如图2-13所示，包括生物转盘、原水箱、出水箱，辅助设备有磁力泵、流量计，以及控制转盘转速的调速电机。

2. 实验仪器、试剂

污水厂污泥数升；100mL量筒1个；秒表1个；烧杯若干，200mL；吸量管2根，5mL；吸量

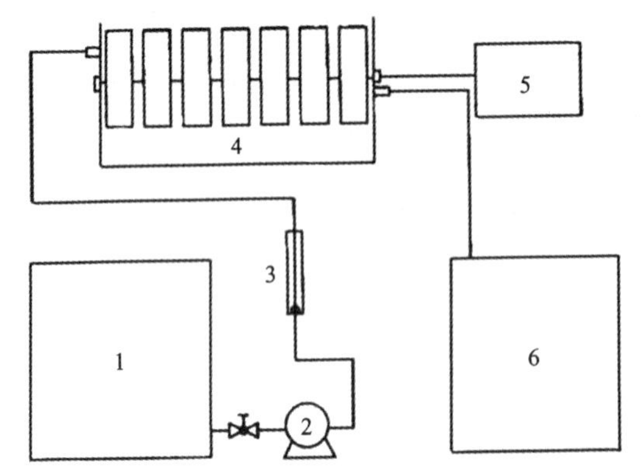

1. 原水箱；2. 磁力泵；3. 流量计；4. 生物转盘；5. 调速电机；6. 出水箱。

图 2-13　生物转盘实验装置图

管 1 根，1mL；洗耳球 1 个；COD 测定仪 1 台及配套试剂；磷酸二氢钾 1 瓶，500g；氯化铵 1 瓶，500g；葡萄糖 1 瓶，500g；实验用废水（实际废水或自配）；pH 计 1 台；溶氧测定仪 1 台；鼓风机 1 台；气体流量计 1 个。

四、实验操作步骤

(1)实验前预备(由实验员完成)。实验前需进行生物转盘挂膜：关闭原水箱出水阀，选取一定体积的培养好的微生物混合液，倒入生物转盘反应器内，开启调速电机，让生物转盘缓慢旋转；开启鼓风机进行适量曝气；间隔一定时间添加一定的营养液，一般挂膜驯化需要 1 周；挂膜驯化完成后在无实验开展时，仍需进行维护（补充水，排泥，添加营养物），使系统一直处于备用状态。

(2)配制一定浓度的有机废水，置于原水箱，测原水的 COD。

(3)根据生物转盘反应器总体积，计算不同水力停留时间下对应的进水流量。

(4)测定生物转盘内的溶解氧量和 pH 值。

(5)开进水阀门，开启磁力泵，调节进水流量，保持一定的水力停留时间，固定转盘的转速。

(6)待运行 1h(或其他固定时间)后取样分析进出水 COD 变化。

(7)测定生物转盘内的溶解氧和 pH 值。

(8)调整转速，重复第(6)、(7)步的操作。

(9)重复第(8)步的操作。

(10)实验得出最佳的转盘转速。

(11)亦可在最佳的转盘转速下，对某一废水取不同的进水流量（对应不同的水力停留时间）下的出水水样，分析出水 COD，得出最佳停留时间。

五、实验数据及结果分析

(1)整理实验数据并进行归纳，如表 2-17 所示。

表 2-17　生物转盘处理系统实验记录表

第________组;姓名________;实验日期________;

原水温度________℃;色度________;pH 值________;COD ________mg/L。

项目		COD	pH 值	溶解氧
1	进水			
	出水			
2	进水			
	出水			
3	进水			
	出水			
4	进水			
	出水			
	进水			
	出水			

(2)根据测定的进出水 COD 浓度计算在给定条件下的有机物去除率。

(3)计算给定流速下污水在生物转盘内的水力停留时间。

六、思考题

(1)分析生物转盘的优缺点。

(2)影响生物转盘处理系统运行的因素有哪些?

(3)正式运行时,生物转盘的旋转速度如何选择?

七、注意事项

(1)当生物转盘上生物膜量较大时,可加大转盘转速,保持适宜的生物膜厚度。

(2)设备在备用状态时,可使生物转盘保持低速运转。

(3)可根据实验调整水力停留时间。

实验 2.17　生物接触氧化实验

一、实验目的

本实验采用的生物接触氧化体系包括预沉装置和二次沉淀池,展示了生物接触氧化的基本流程、主要设备和工艺。学生在实验中可观察主要设备的结构特点和设备中的不同现象,对生物接触氧化体系进行系统运行和维护的基本操作。通过实验,学生可树立对生物接触氧化工艺的感性认识,加深对基本原理的掌握,同时了解生物接触氧化工艺的主要流程和简单操作。

二、实验原理

生物接触氧化是从生物膜法派生出来的一种废水生物处理方法,即在生物接触氧化池内装填一定数量的填料,利用栖附在填料上的生物膜和充分供应的氧气,通过生物氧化作用,将废水中的有机物氧化分解,达到净化目的。生物接触氧化池内设置填料(如立体弹性填料、蜂窝状填料等),以供微生物生长,表面形成一层生物膜,填料淹没于水中,污水流经填料层,水中的有机物被生物膜上的微生物吸附、氧化分解和转化成新的生物膜而使污水得到净化。生物接触氧化法中微生物所需氧气由鼓风曝气供给,生物膜生长至一定厚度后,填料壁的微生物会因缺氧而进行厌氧代谢,产生的气体及曝气形成的冲刷作用会造成生物膜的脱落,并促进新生物膜的生长,此时,脱落的生物膜将随水流出池外。

生物接触氧化法具有生物膜法的基本特点,但又与一般生物膜法不尽相同。一是供微生物栖附的填料全部浸在废水中,所以生物接触氧化池又称淹没式滤池。二是采用机械设备向废水中充氧,而不同于一般生物滤池靠自然通风供氧,相当于在曝气池中添加供微生物栖附的填料,也可称为曝气循环型滤池或接触曝气池。三是池内废水中还存在2%～5%的悬浮状态活性污泥,对废水也起净化作用。因此,生物接触氧化法是一种具有活性污泥法特点的生物膜法,兼有生物膜法和活性污泥法的优点。

生物接触氧化法净化废水的基本原理与一般生物膜法相同,就是以生物膜吸附废水中的有机物,在有氧的条件下,有机物被微生物氧化分解,废水得到净化。

生物接触氧化池内的生物膜由菌胶团、丝状菌、真菌、原生动物和后生动物组成。在活性污泥法中,丝状菌常常是影响正常生物净化作用的因素;而在生物接触氧化池中,丝状菌在填料空隙间呈立体结构,大大增加了生物膜与废水的接触表面积,同时因为丝状菌对多数有机物具有较强的氧化能力,对水质负荷变化有较大的适应性,所以是提高净化能力的有利因素。

生物接触氧化的处理装置按结构分为分流式和直接式两类。分流式的曝气装置在池的一侧,填料装在另一侧,依靠泵或空气的提升作用,水流在填料层内循环,给填料上的生物膜供氧。此法的优点是废水在隔间充氧,氧的供应充分,对生物膜生长有利。缺点是氧的利用率较低,动力消耗较大;因为水力冲刷作用较小,老化的生物膜不易脱落,新陈代谢周期较长,生物膜活性较小;同时还会因生物膜不易脱落而引起填料堵塞。直接式是在氧化池填料底部直接鼓风曝气,生物膜直接受到上升气流的强烈扰动,更新较快,保持较高的活性;同时在进水负荷稳定的情况下,生物膜能维持一定的厚度,不易发生堵塞现象。一般生物膜厚度控制在1mm左右为宜。

选用适当的填料以增加生物膜与废水的接触表面积是提高生物膜净化废水能力的重要措施,一般采用蜂窝状填料。蜂窝状填料孔径须根据废水水质(BOD_5,即五日生化需氧量,悬浮物等的浓度)、BOD(生化需氧量)负荷、充氧条件等因素进行选择。在一般情况下,BOD_5浓度为100～300mg/L,孔径可选用32mm;BOD_5为50～100mg/L,可选用15～20mm;如在50mg/L以下,可选用10～15mm孔径的填料。填料要质量轻,强度好,抗氧化腐蚀性强,不带来新的毒害。目前采用较多的有玻璃布、塑料等蜂窝状填料，此外，也可采用绳索、合成纤维、沸石、焦炭等作填料。填料形式有蜂窝状、网状、斜波纹板等。

生物接触氧化法的 BOD 负荷与废水的基质浓度有关，对低 BOD 浓度（50～300mg/L）废水，每日每立方米的填料采用 2～5kg（BOD_5），废水停留时间为 0.5～1.5h，氧化池内耗氧量为1～3mg/L。由于氧化池内生物量较大，处理负荷高，可控制溶解氧量较高，一般要求氧化池出水中剩余溶解氧为 2～3mg/L。

综上，生物接触氧化法的主要特点如下：由于填料比表面积大，池内充氧条件良好，池内单位容积的生物固体量较高，生物接触氧化池具有较高的容积负荷；由于生物接触氧化池内生物固体量高，水流完全混合，故对水质水量的骤变有较强的适应能力；剩余污泥量少，不存在污泥膨胀问题，运行管理简便。

三、实验设备、仪器、试剂

1. 实验设备

生物接触氧化工艺实验装置 1 套（图 2-14），包括斜板沉淀池、生物接触氧化反应池、二次沉淀池、原水箱，提升泵、回流泵和鼓风机各 1 台，气体流量计 2 个、弹性填料 1 批，以及管件、阀门、曝气头等辅助材料。

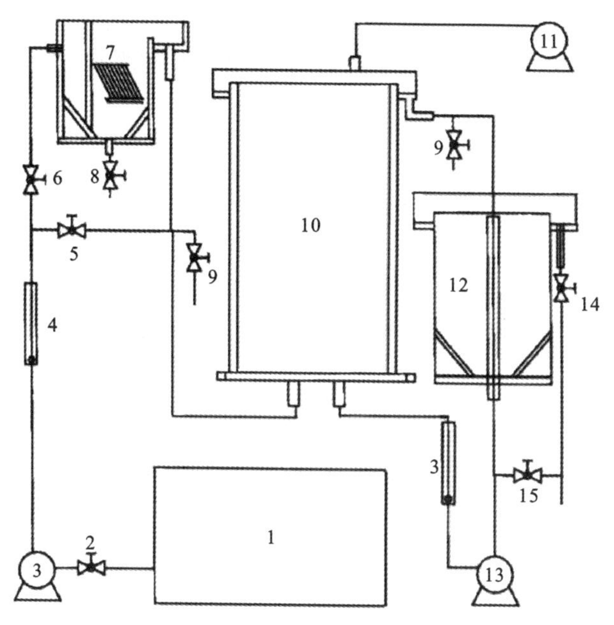

1. 原水箱；2. 泵前阀；3. 提升泵；4. 气体流量计；5. 旁路阀；6. 进水阀；7. 斜板沉淀池；8. 排泥阀；9. 取样阀；10. 生物接触氧化反应池；11. 鼓风机；12. 二次沉淀池；13. 回流泵；14. 溢流阀；15. 放空阀。

图 2-14 生物接触氧化实验装置图

2. 实验仪器、试剂

污水厂污泥数升；100mL量筒1个；秒表1个；烧杯若干只，200mL；吸量管2根，5mL；吸量管1根，1mL；洗耳球1个；COD测定仪1台及配套试剂；磷酸二氢钾1瓶，500g；氯化铵1瓶，500g；葡萄糖1瓶，500g；实验用废水（实际废水或自配）；pH计1台；氨氮测定仪器及相应试剂1套；硝酸盐测定仪器及相应试剂1套；水桶。

四、实验步骤

1. 填料挂膜

将接种的活性污泥倒入接触氧化反应池，加污水灌满，静置24h后排空，然后在曝气状态下连续加入不含污泥、COD值约为500mg/L的人工配水。挂膜初期，填料基本上无膜，也没有明显的COD去除效果。3～5d后，在填料的内表面长出了一层薄薄的生物膜，镜检能观察到菌胶团、丝状菌和钟虫等。成熟的生物膜呈黄色且透明，同时也可获得较为稳定的出水，这表明好氧挂膜成功。挂膜成功后生物接触氧化池在营养液的维持下保持备用状态，学生实验前关闭所有泵、风机和阀门。

2. 学生实验操作步骤

（1）配制COD约为500mg/L、氨氮含量约为100mg/L的废水；取样分析原始COD值、总氮、pH值。

（2）废水倒入储水箱。

（3）开启储水箱出水阀门，开启进水流量计出口侧阀门，开启提升泵，控制进水流量，其他阀门关闭。

（4）开启空气泵，控制气体流量。

（5）1h后取接触氧化池出水水样分析COD值、pH值和氨氮。

（6）待二次沉淀池水位上升至溢流口后，开启二次沉淀池出水阀门，并接入出水收集水桶。

（7）取接触氧化池和二次沉淀池出水水样，测悬浮物浓度。

（8）在二次沉淀池积累一定污泥后开启污泥回流泵，调节回流量。

（9）调节进水流量为另一数值，重复第（5）步操作。

（10）实验结束时，关闭提升泵，关闭所有阀门。

（11）放空斜管沉淀池和二次沉淀池的水和污泥，并进行清洗。

（12）按需要往生物接触氧化池添加营养物质。

（13）按需要控制鼓风机运转或鼓气流量。

五、实验数据记录和处理

（1）按表2-18整理实验数据。

表 2-18 生物接触氧化系统实验记录表

第________组;姓名________;实验日期________;

原水温度________℃;色度________;pH 值________;COD ________mg/L。

项目		COD	pH 值	总氮
1	进水			
	出水			
2	进水			
	出水			
3	进水			
	出水			
4	进水			
	出水			
	进水			
	出水			

(2)计算污水在接触氧化池的水力停留时间。

(3)计算 COD 值和氨氮的去除率。

(4)进行斜板沉淀池效率的估算,通过测定斜板沉淀池进出水的悬浮固体(SS),计算 SS 去除率。

六、思考题

(1)探讨没有斜板沉淀池的情况下,相同的后续运行制度下的二次沉淀池出水情况。

(2)对比生物接触氧化法和普通活性污泥法,并做出评价。

(3)接触氧化池内填料的选择依据是什么?

七、注意事项

(1)应定期对沉淀池进行排泥。

(2)生物接触氧化池备用时应保证一定的曝气量,并适时添加营养物质,防止污泥老化。

(3)初始运行时可加大二次沉淀池底部向接触氧化池的回流量,保证接触氧化池内有足够的微生物。

(4)生物接触氧化池内的曝气兼有混合搅拌的作用,所以曝气头的布局应该合理,确保曝气不留死角,同时保证曝气头周围的填料上生物膜不被冲刷掉。

实验 2.18　啤酒废水生化模拟实验

一、实验目的

(1)加深对水中污染物的厌氧、缺氧、好氧生化处理的基本概念、基本理论的了解。

(2)了解生化处理各单元的技术和主要设备。

(3)掌握生化处理设备的主要结构及操作参数。

二、实验原理

1. 水解酸化原理

废水流入水解酸化池,在水解酸化池中的微生物所释放的胞外酶的作用下,废水中的大分子有机物降解为小分子有机物,从而提高废水的可生化性,有利于含油废水的生物处理。同时,在处理过程中废水酸性也有所提高。

2. 生物接触氧化

在有氧的条件下,微生物在填料上挂膜生长,微生物以废水中的有机物为碳源维持自身生长。微生物固定生长的方式可以避免生化池里的活性污泥大量流失,可以保证生化池中生物相及微生物浓度,从而保证处理效果,降低二次沉淀池的处理负荷。

3. 氧化沟

氧化沟以曝气转刷为供氧方式,在没有曝气的区域形成缺氧环境。缺氧和好氧两个过程分别起到反硝化和硝化的作用,在高效去除有机物的同时,达到去除废水中氨氮的目的。氧化沟中的微生物在废水中悬浮生长,出水经过沉淀池,把出水中的活性污泥沉降下来。

三、实验设备、仪器、工艺流程

营养盐投加系统(药剂溶解、稀释设备、计量泵等);上流式生物膜水解系统;生物接触氧化系统(缺氧、好氧);氧化沟;沉淀池;pH 计;溶解氧测定仪;TOC 测定仪等。生化处理系统的工艺流程见图 2-15。

四、实验步骤

(1)浮选单元出水汇集在中间水槽中,控制阀门开度为 40L/h,将污水经提升泵引入生物膜水解系统。污水中微生物将大分子有机物分解为小分子有机物,使污水的可生化性能提高。

(2)开启生物膜水解系统出口阀及生物接触氧化系统和氧化沟的进水阀。生物膜水解系统出水靠重力作用自流,一部分废水进入生物接触氧化系统,另一部分进入氧化沟。在缺氧-

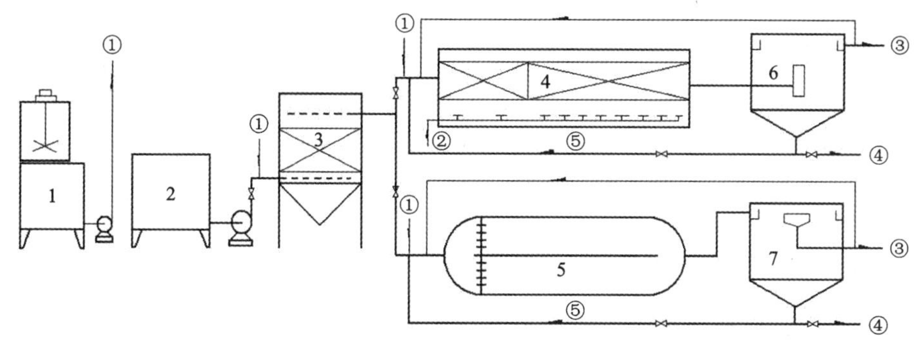

1. 营养盐投加系统；2. 中间水槽；3. 上流式生物膜水解系统；4. 生物接触氧化系统；5. 氧化沟；6. 中心进水竖流式沉淀池；7. 周边进水中间出水沉淀池；①营养盐；②压缩空气；③二次沉淀池出水；④剩余污泥；⑤回流污泥。

图 2-15 工艺流程简图

好氧条件下，不但可以去除污水中的有机物，同时还可以去除水中的氮、磷。

(3)开启生物接触氧化系统和氧化沟的出口阀。经生物接触氧化系统处理后的泥水混合物进入中间进水竖流式沉淀系统。经氧化沟处理后的泥水混合物进入周边进水、中间出水沉淀系统。

(4)开启两个沉淀系统出水回流阀及出口阀。根据水质分析指标判断出水水质是否合格，如合格则开大出口阀，否则开大回流阀。

(5)经过 2h 后，一些活性污泥沉积在沉淀系统底部。打开排泥口，开启污泥回流泵。一部分池底污泥回流至生物接触氧化系统和氧化沟，以保证污泥浓度。剩余污泥外排至污泥槽。

(6)待整个生化处理系统运行 1h 后，取生化处理单元各段进出口水样进行分析。测定指标包含 DO(溶解氧)、TOC(总有机碳)等。

(7)为保证生化处理中的生物相正常生长，应向反应器中投加适量营养盐。将营养盐在上桶溶解，在下桶调至标准浓度。控制计量泵，将营养盐加至水解酸化进水中。

五、实验数据记录与处理

将实验结果记入表 2-19 中。

表 2-19 实验结果记录表

项目		TOC(mg/L)	DO(mg/L)
生物接触氧化系统	进水		
	出水		
氧化沟	进水		
	出水		

六、思考题

(1)接触氧化和氧化沟这两种工艺的供氧方式有什么不同?

(2)一般情况下,营养盐的投配比例(C∶N∶P)为多少?

(3)简述实验过程中的心得及存在的问题。

七、实验注意事项

(1)控制污泥回流阀的开度,以保证正常的污泥回流比。

(2)调节氧化沟曝气转刷转数,以保证水体供气量。

(3)掌握营养盐的合理投加量,避免因营养过剩造成出水氮、磷含量偏高。

实验 2.19　城市污水处理综合实验

一、实验目的

(1)了解生活污水的水质特点。

(2)掌握三套常用的生活污水处理工艺[一体化 A/O 脱氮工艺、SBR 工艺、卡鲁塞尔(Carrousel)氧化沟工艺]的运行操作方法。

二、实验原理

城市污水来源广泛,而且水质状况与地域、季节以及人们的生活习惯有关。在选择处理工艺时,需根据不同的水质特点的排放要求来进行选择。以下介绍三套不同的污水处理工艺的原理,包括一体化 A/O 脱氮工艺、SBR 工艺、卡鲁塞尔(Carrousel)氧化沟工艺。

1. 一体化 A/O 脱氮工艺基本原理

A/O 脱氮工艺又称“前置式反硝化生物脱氮系统”。一体化 A/O 脱氮工艺反应器(图 2-16)分为缺氧区和好氧区,源水首先流经缺氧区,再从隔板的下部流入好氧区,含碳有机物的去除、含氮有机物的氨化和氨氮的硝化在好氧区进行,在好氧区产生的硝化液从隔板的上部回流到缺氧区,在缺氧区中硝化液利用源水中的碳源进行反硝化,最终将硝酸盐或者亚硝酸盐还原为氮气。

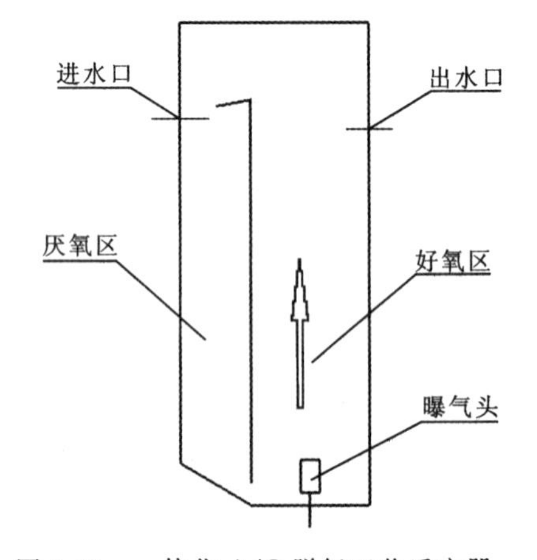

图 2-16　一体化 A/O 脱氮工艺反应器

2. SBR 工艺基本原理

SBR 工艺处理污水的核心处理设备是一个序批式间歇反应器(SBR 反应器,见图 2-17)。SBR 工艺省去了许多处理构筑物，所有反应器都在一个SBR反应器中运行，通过时间控制来使SBR反应器实现各阶段的操作目的，在流态上属于完全混合式，实现了时间上的推流，有机污染物随着时间的推移而降解。

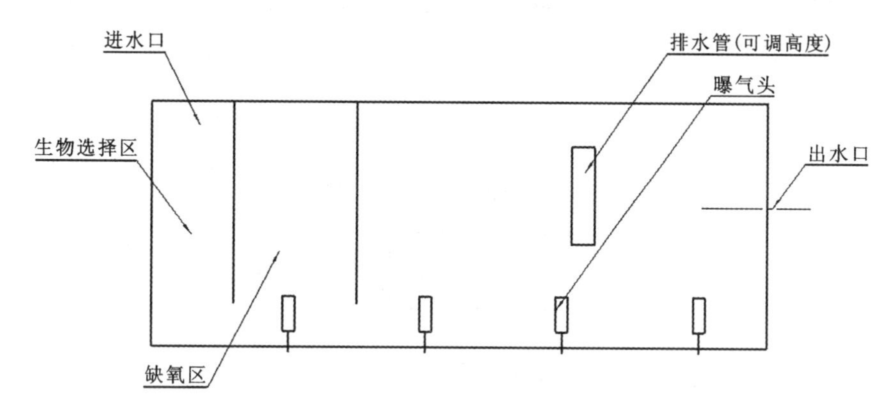

图2-17 SBR反应器

SBR工艺整个运行周期由进水、反应、沉淀、出水和闲置5个基本工序组成，都在一个设有曝气或搅拌的反应器内依次进行。在处理过程中循环这种操作周期，以实现污水处理目的。

(1)进水工序。污水注入之前，反应器处于待机状态，此时沉淀后的上清液已经排空，反应器内还储存着高浓度的活性污泥混合液，此时反应器内的水位为最低。注入污水，注入完毕再进行反应，从这个意义上说，反应器又起到了调节池的作用，所以SBR法受负荷变动影响较小，对水质、水量变化的适应性较好。

(2)反应工序。当污水达到预定高度时，便开始反应操作，可以根据不同的处理目的来选择相应的操作。例如，控制曝气时间可以实现BOD的去除、消化、磷的吸收等，控制曝气或搅拌器强度来使反应器内维持厌氧或缺氧状态，实现硝化、反硝化过程。

(3)沉淀工序。本工序中SBR反应池相当于二次沉淀池，停止曝气和搅拌，使混合液处于静止状态，活性污泥进行重力沉淀和上清液分离。SBR反应器中的污泥沉淀是在完全静止的状态下完成的，受外界干扰小。

(4)出水工序。排出沉淀后的上清液，恢复到周期开始时的最低水位，剩下的一部分处理水，可以起到循环水和稀释水的作用。沉淀的活性污泥大部分作为下个周期的回流污泥，剩余污泥则排放。

(5)闲置工序。SBR池处于空闲状态，微生物通过内源呼吸作用，从而恢复活性，溶解氧浓度下降，起到一定的反硝化作用而进行脱氮，为下一运行周期创造良好的初始条件。由于经过闲置期后的微生物处于一种饥饿状态，活性污泥的表面积更大，因而在新的运行周期的进水阶段，活性污泥便可发挥其较强的吸附能力，对有机物进行初始吸附去除。另外，待机工序可使池内溶解氧进一步降低，为反硝化工序提供良好的工况。

3. 卡鲁塞尔(Carrousel)氧化沟工艺

卡鲁塞尔(Carrousel)氧化沟是一个多沟串联系统(图 2-18)。在每个沟渠中安装一台表面曝气器,在曝气器的推动下,氧化沟内可以形成推流状态,靠近曝气器的下游为富氧区,而曝气器的上游可能为低氧区,外环还可能成为缺氧区,有利于形成生物脱氮的条件。

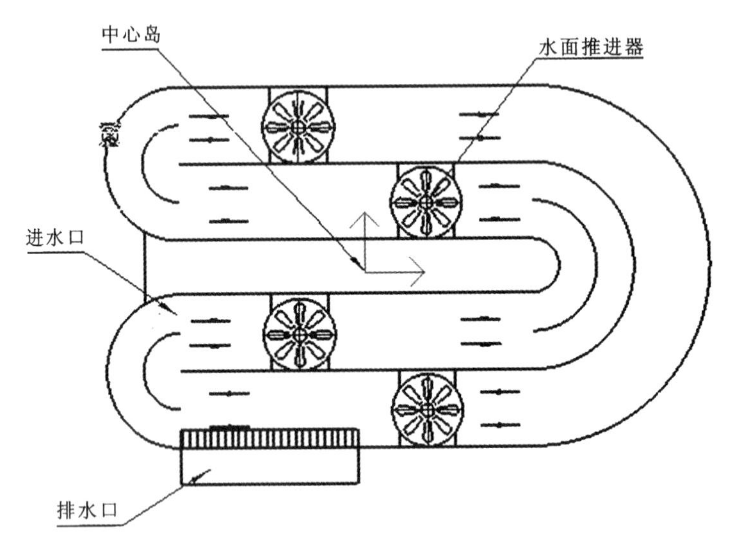

图 2-18 卡鲁塞尔(Carrousel)氧化沟工艺

三、实验水样及装置运行

1. 水样

本实验采用清水(自来水)进行实验。

2. 实验装置运行

(1)检查实验装置,注意各进出水阀门的开闭。

(2)启动进水泵给各装置进水,注意调节流量。

四、注意事项

(1)实验前必须仔细检查阀门的开启。

(2)实验时要注意稳定流量。

3 固体废物处理实验

实验3.1 危险废物的水泥固化处理实验

一、实验目的

有害废物的水泥固化处理是危险固体废物处理的一种常用方法。通过本实验，了解固化处理的基本原理，初步掌握固化处理有害废物的工艺操作过程和研究方法。

二、实验原理

用物理-化学方法将有害废物掺和并包容在密实的惰性基材中使其达到稳定的处理方法叫作固化处理。有害废物经固化处理后，其渗透性和溶出性均可降低，所得固化块能安全地运输和方便地进行堆存或填埋，稳定性和强度适宜的产品还可以作为筑路基材或建筑材料使用。本实验以水泥为基材，固化含重金属的工业废渣。水泥固化的原理：水泥是一种无机胶凝材料，是以水化反应的形式凝固并逐渐硬化的，其水化生成的凝胶将有害废物包容固化，同时，由于水泥为碱性物质，有害废物中的重金属离子也可以生成难溶于水的沉淀而达到稳定。

三、主要仪器和设备

台秤，天平，胶沙搅拌机，模具，震动台，养护箱，量筒，压力实验机。

四、实验原料

普通硅酸盐水泥，黄沙，工业废渣。

五、实验步骤

实验工艺过程如图3-1所示。

(1)制作水泥固化试块。按配比(工业废渣、黄沙、水泥和水的配比为1∶1∶2∶1.1)分别称量工业废渣(100g)、黄沙(100g)和水泥(200g)，将全部干物料给入胶沙搅拌机，启动搅拌机，15s后将水(110g)倒入。从搅拌机取下搅拌锅，将标准模具固定在振动台上，将搅拌后的砂浆倒入标准模具内并启动振动台。振动结束后，取下模具，用刮刀刮平，放入养护箱(常温下)，24h后脱模，并继续进行养护。

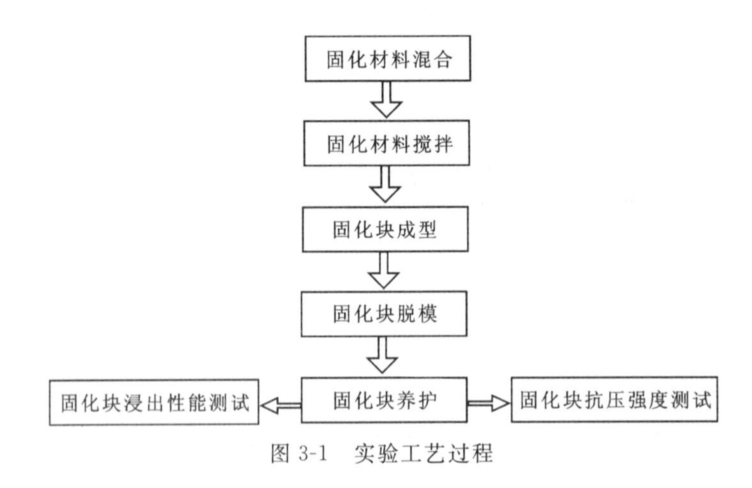

图 3-1 实验工艺过程

(2)计算固化体的增容比 C_R:

$$C_R = V_1/V_2 \tag{3-1}$$

式中:V_1 为固化前工业废渣的体积;V_2 为固化体的体积。

(3)固化体检测。固化体养护三天后取出,测试抗压强度和浸出性能。

(4)评价固化效果。根据固化体的浸出速率、增容比和抗压强度等物理及化学指标对固化处理效果进行评价。

六、思考题

(1)固化处理效果的物理及化学指标有哪些?

(2)影响水泥固化的主要因素有哪些?

(3)水泥固化处理应用领域有哪些?特点是什么?

实验 3.2 固体废物的破碎预处理实验

一、实验目的

固体废物的破碎、粉磨和筛分是固体废物处理的常用方法,通过破碎、粉磨和筛分实验,学生了解固体废物预处理的基本方法及特点,熟悉常用破碎、筛分设备的操作方法,了解固体废物破碎和筛分目的,掌握固体废物破碎、粉磨、筛分过程,计算破碎、粉磨后不同粒径范围内的固体废物所占的百分数以及解离度,掌握筛分曲线的测定和绘制方法。

二、实验原理

固体废物的破碎是固体废物由大变小,利用外力克服固体废物质点间的内聚力而使大块固体废物分裂成小块的过程。固体废物的筛分是根据产物粒度的不同,利用不同筛孔尺寸的筛子将物料中小于筛孔尺寸的细物粒透过筛面,大于筛孔尺寸的粗物粒留在筛面上,从而完成粗细颗粒分离的过程。

破碎产物的特性一般用粒度分布和破碎比来描述。表示颗粒大小的参数一般有粒径和粒度分布。粒径是表示颗粒大小的参数，常用筛径来表示。粒度分布能够表示固体颗粒群中不同粒径颗粒的含量分布情况。破碎比为破碎过程中原废物粒度与破碎产物粒度的比值，常用废物破碎前的平均粒度（D_{cp}）与破碎后的平均粒度（d_{cp}）的比值来表示破碎比（i）。筛分完成后，本筛格存留的筛上颗粒质量为筛余量，这些颗粒粒度小于上格筛孔径、大于本筛格孔径，本格筛余量的粒度取颗粒平均粒径。

三、实验仪器和设备

万能粉碎机，电子天平，标准筛 1 套，剪刀。

四、实验原料

废旧含铜电线。

五、实验步骤

实验工艺过程如图 3-2 所示。

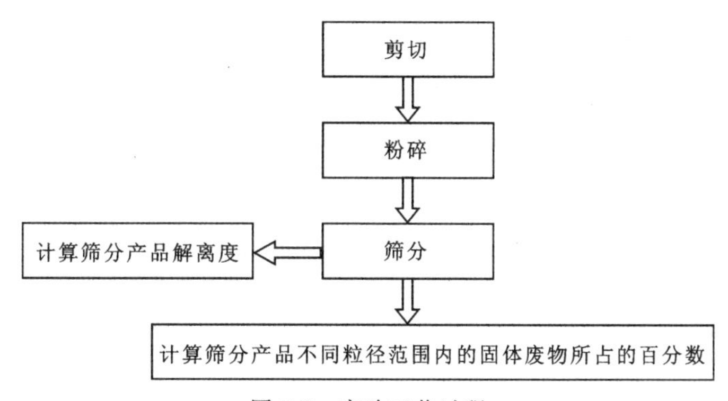

图 3-2 实验工艺过程

（1）剪切：称取废电线 50g 左右，先用剪刀剪切成长度为 0.5cm 左右的电线粒。

（2）粉碎：将电线粒加入万能破碎机中进行破碎。

（3）筛分：按筛目由小至大的顺序进行筛分，分别称取不同筛孔尺寸筛子的筛上颗粒质量，记录数据。

六、思考题

（1）固体废物进行破碎和筛分的目的是什么？

（2）怎样选择破碎设备？

（3）影响筛分的主要因素有哪些？

（4）提出实验改进意见与建议。

实验 3.3 重选实验

一、实验目的

重选是固体废物分选的一种常用方法。通过本实验，了解固体废物重介质分选的基本原理，初步掌握固体废物重介质分选的工艺操作过程和研究方法。

二、实验原理

重选是根据固体废物颗粒间密度的差异，以及在运动介质中所受的重力、流体动力和其他机械力不同而实现按密度分选。在重介质中使固体废物中的颗粒群按密度分开的方法称为重介质分选。为使分选过程有效地进行，选择的重介质密度(ρ_c)需介于固体废物中轻物料密度(ρ_L)和重物料密度(ρ_W)之间，即 $\rho_L<\rho_c<\rho_W$。

凡颗粒密度大于重介质密度的重物料都下沉，集中于分选设备的底部成为重产物；颗粒密度小于重介质密度的轻物料都上浮，集中于分选设备的上部成为轻产物。它们分别排出，从而达到分选的目的。

三、主要仪器、设备与试剂

100mL 量筒、$CaCl_2$、烘箱。

四、实验原料

已破碎解离的废电线混合物或废线路板混合物(由金属铜和塑料颗粒组成)。

五、实验步骤

实验工艺过程如图 3-3 所示。

(1)重液配制。用 $CaCl_2$ 配制 100mL 的 $CaCl_2$ 饱和溶液。

(2)重介质分选。室温下将 100mL 的 $CaCl_2$ 饱和溶液重液置于 100mL 的量筒中，加入一定量的破碎解离的废电线混合物，搅拌 1min 后静置分层，取出沉物(金属铜)及浮物(塑料)，烘干称重。

(3)结果检测分析。对取出的沉物(金属铜)及浮物(塑料)进行烘干并称重，分别计算沉物(金属铜)及浮物(塑料)的回收率和品位。

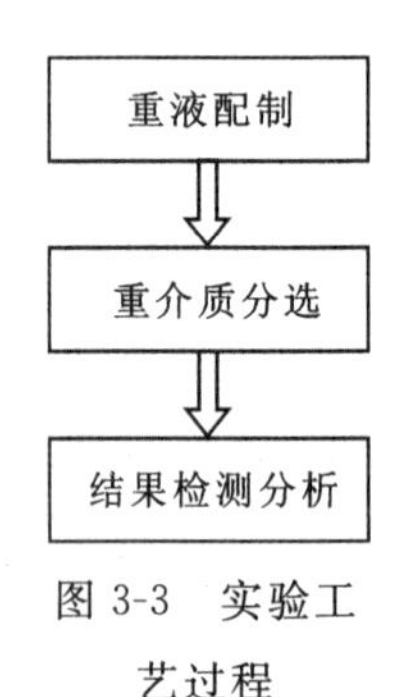

图 3-3 实验工艺过程

六、思考题

(1)重介质分选的原理是什么?

(2)影响重力分选的主要因素有哪些?

(3)破碎解离的废电线混合物(金属铜和塑料组成)还可以采用其他分选方法进行分选吗?

(4)提出本实验改进意见与建议。

(5)根据图 3-4 阐释重介质分选机工作原理。

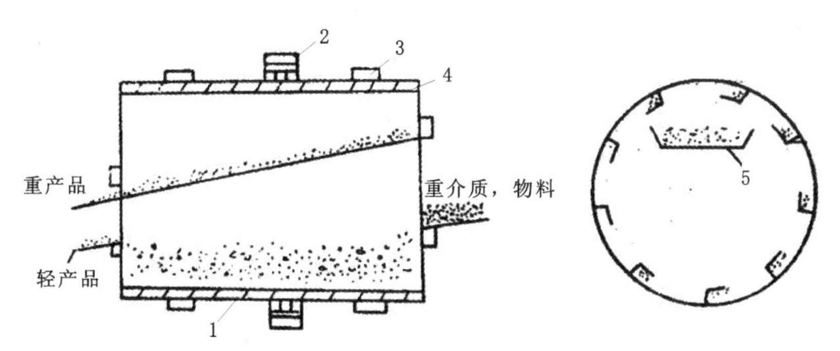

1.圆筒形转鼓;2.大齿轮;3.辊轮;4.扬板;5.溜槽。

图 3-4 鼓型重介质分选机结构示意图

实验 3.4 电子垃圾的综合处理实验

一、实验目的

电子垃圾是一种常见的固体废物,需要谨慎处理,在一些发展中国家,电子垃圾非常多,造成环境污染并威胁当地居民的身体健康。通过本实验,了解电子垃圾综合处理的基本原理,初步掌握电子垃圾工艺操作过程和研究方法。

二、实验原理

本实验采用“破碎+重选”工艺对电子垃圾进行综合回收处理。破碎及分选的原理参照实验 3.2 与实验 3.3。

三、主要仪器、设备与试剂

万能粉碎机,电子天平,标准筛一套,剪刀,100mL 量筒,$CaCl_2$,烘箱。

四、实验原料

废旧含铜电线。

五、实验步骤

(1)剪切:称取废旧含铜电线 50g 左右,用剪刀剪成长度为 0.5cm 左右的电线粒。

(2)粉碎:将电线粒加入万能破碎机中进行破碎。

(3)重介质分选。首先用 $CaCl_2$ 配制 100mL 的 $CaCl_2$ 饱和溶液,然后在室温下将 100mL 的 $CaCl_2$ 饱和溶液重液置于 100mL 的量筒中,加入一定量的破碎解离的废旧含铜电线混合物,搅拌 1min 后静置分层,取出沉物(金属铜)及浮物(塑料),烘干称重。

六、思考题

(1)电子垃圾进行破碎的目的是什么?

(2)怎样选择电子垃圾破碎设备?

(3)金属铜和塑料组成的混合物还可以采用哪些分选方法进行分选?

(4)提出本实验改进意见与建议。

实验 3.5　城市固体废物破碎与筛选

一、实验目的

(1)了解固体废物破碎和筛选的目的和意义。

(2)了解固体废物破碎设备和筛分设备的工作原理。

(3)掌握固体废物破碎和筛分设备的使用过程。

(4)熟悉破碎和筛分的实验流程。

(5)学会计算破碎后不同粒径范围内的固体废物所占的百分数。

(6)理解固体废物粒径对后续工艺处理的意义。

二、实验原理

固体废物的破碎是利用外力克服固体废物质点间的内聚力而使大块固体废物分裂成小块的过程。固体废物的磨碎是使小块固体颗粒分裂成细粒的过程。固体废物的筛分是根据产物粒度的不同,利用不同筛孔尺寸的筛子将物料中小于筛孔尺寸的细物粒透过筛面,大于筛孔尺寸的粗物粒留在筛面上,从而完成粗、细颗粒分离的过程。

1. 破碎的目的

(1)使固体废物的体积减小,便于运输和储存。

(2)用破碎后的生活垃圾进行填埋处置时,破碎后物料的压实密度高而均匀,提高填埋场的利用效率,可加快复土还原。

(3)为固体废物的下一步加工做准备。

(4)为固体废物的分选提供所要求的入选粒度。

(5)使联生在一起的矿物或连接在一起的不同材料实现单体分离,以便有效回收利用固体废物中的某些成分。

(6)防止粗大、锋利的固体废物损坏分选、焚烧和热解等设备或炉膛。

(7)使固体废物的比表面积增加,提高焚烧、热分解、熔融等作业的稳定性和热效率。

2. 破碎比

在破碎过程中，原废物粒度与破碎产物粒度的比值称为破碎比。破碎比表示废物粒度在破碎过程中减小的倍数，即废物被破碎的程度。

在工程设计中，常采用废物破碎前的最大粒度(D_{max})与破碎后的最大粒度(d_{max})之比来计算破碎比。这一破碎比称为极限破碎比。通常根据最大物料直径来选择破碎机给料口的宽度，即 $i=D_{max}/d_{max}$，在理论研究中，破碎比常采用废物破碎前的平均粒度(D_{av})与破碎后的平均粒度(d_{av})之比来计算，即 $i=D_{av}/d_{av}$，这一破碎比称为真实破碎比，能有效、真实地反映废物的破碎程度。筛分完成后，本筛格存留的筛上颗粒质量为筛余量，这些颗粒粒度小于上格筛孔径、大于本筛格孔径，本格筛余量的粒度取颗粒平均粒径。

三、实验仪器、设备和样品

颚式破碎机(型号 PE60×100)，1 台(图 3-5)；振筛机(型号 XSB-88)，1 台(图 3-6)；规格 0.15mm、0.30mm、0.60mm、1.18mm、2.36mm、4.75mm 及 9.50mm 的方孔筛子各一个，并附有筛底和筛盖；台式天平($d_{max}=15$kg，$e=1$g)，1 台；橡胶手套、口罩；瓷盘；刷子，1 把；实验样品若干；等等。

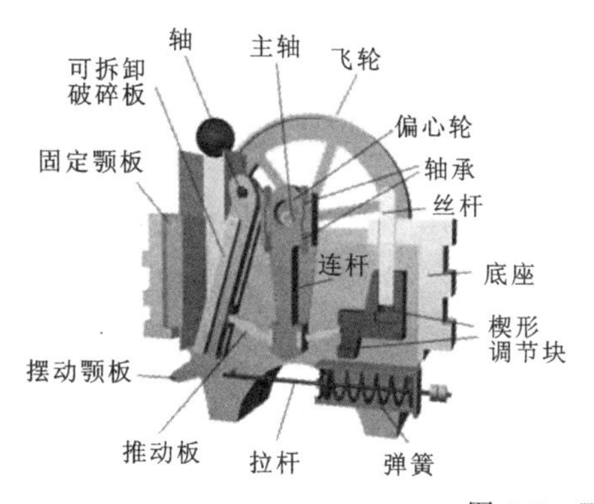

图 3-5 颚式破碎机

图 3-6 振筛机

四、实验步骤

(1)称取样品不少于600g在(105±5)℃的温度下烘干至恒重。

(2)称取烘干后试样500g左右,精确至1g。

(3)将实验颗粒倒入按孔径大小从上到下组合的套筛(附筛底)上。

(4)开启振筛机,对样品筛分15min。

(5)筛分后将不同孔径的筛子里的颗粒进行称重并记录数据。

(6)将称重后的颗粒混合,倒入颚式破碎机进行破碎。

(7)收集破碎后的全部物料。

(8)将破碎后的颗粒再次放入振筛机,重复(3)、(4)、(5)步骤。

(9)做好实验记录,收拾实验室,得出实验结果并分析。

五、实验结果与讨论

1. 计算真实破碎比

真实破碎比=废物破碎前的平均粒度(D_{av})/破碎后的平均粒度(d_{av})

2. 计算细度模数

$$M_x = \frac{(A_2 + A_3 + A_4 + A_5 + A_6) - 5A_1}{100 - A_1} \tag{3-2}$$

式中:M_x 为细度模数;A_1、A_2、A_3、A_4、A_5、A_6 分别为4.75mm、2.36mm、1.18mm、0.60mm、0.30mm、0.15mm筛的累积筛余量百分数。

细度模数是判断粒径粗细程度及类别的指标。细度模数越大,表示粒径越大。

3. 实验数据记录

将实验数据记录在表3-1中。

表3-1 破碎实验记录表

破碎前总量:________;破碎后总量:________。

筛孔粒径/mm	破碎前			破碎后		
	筛余量/g	分计筛余量/%	累积筛余量/%	筛余量/g	分计筛余量/%	累积筛余量/%
9.50						
4.75						
2.36						
1.18						
0.60						
0.30						

续表 3-1

筛孔粒径/mm	破碎前			破碎后		
	筛余量/g	分计筛余量/%	累积筛余量/%	筛余量/g	分计筛余量/%	累积筛余量/%
0.15						
筛底						
合计						
差量						
平均粒径						

分计筛余量：各号筛余量与试样总量之比，计算精确至0.1%。

累计筛余量：各号筛的分计筛余量加上该号以上各分级筛余量之和，精确至0.1%；筛分后，如每号筛的筛余量与筛底的剩余量之和同原试样质量之差超过1%，应重新实验。

平均粒径 d_{pj} 使用分计筛余量百分率 p_i 和对应粒径 d_i 计算：$d_{pj}=\sum_{i}^{n}p_i d_i$。

4. 实验结果分析

(1)计算极限破碎比与真实破碎比。

(2)绘制破碎前后的粒径分布曲线。

(3)计算破碎前后的堆积密度以及本次破碎的产品回收率。

5. 实验结果讨论

(1)固体废物进行破碎和筛分的目的是什么？

(2)破碎机有哪些？各有什么特点？

(3)影响筛分的因素有哪些？

六、实验注意事项

(1)在该实验中，实验人员若对实验设备操作不当，会危害生命安全，使用时需严格参照说明书并在老师的指导下进行实验。

(2)安装实验设备时，基础必须牢靠、平整，以防止机体受力不均引起破裂。

(3)使用前要检查破碎机、标准筛是否可以正常运转(各个紧固件是否紧固，若发现异常，则查明原因并予以排除)，待正常运转(试运转必须空载试车，空载试车时检查机器是否灵活、有无机油，空载10min后无异常现象方可使用)后方可投加物料。

(4)破碎物料的硬度最好不要超过中等硬度，以免加快零件的磨损而缩短设备寿命。

(5)为了出料方便，安装时可适当提高整机的安装高度。

(6)要合理处置实验后的物料，避免造成二次污染。

实验 3.6　生活垃圾的特性分析

一、实验目的

生活垃圾来自城市生活的各个方面，涉及面非常广泛，性质很不稳定。由于各地气候、季节、生活水平、生活习惯、能源结构及垃圾收集方式存在差异，城市生活垃圾成分多、产量大，而且变化幅度也很大。为了有效地进行生活垃圾的技术管理，必须掌握好生活垃圾的特性，并在此基础上选择合适的处理方法。

(1)了解表征生活垃圾特性的指标参数。

(2)掌握生活垃圾特性的分析方法。

二、实验原理

城市生活垃圾的性质主要包括物理性质、化学性质及感官性能。

城市生活垃圾的物理性质与它的组成密切相关，组成不同，物理性质也不同。一般用组分、含水率和容重 3 个物理量来表示城市垃圾的物理性质。城市垃圾的化学性质对选择加工处理和回收利用工艺十分重要，表示城市垃圾化学性质的特征参数有挥发分、灰分、灰分熔点、元素组成、固定碳及发热值。感官性能是指垃圾的颜色、臭味、新鲜或者腐败的程度等，往往可通过感官直接判断。

三、实验仪器与试剂

实验样品若干；干燥箱；干燥器；百分之一天平；大坩埚、坩埚钳；剪刀、菜刀、小铁锤，大夹子；橡胶手套、口罩；100kg 磅秤；马弗炉；容积 100L 的硬质塑料圆桶；手推车；等等。

四、实验步骤

1. 生活垃圾的组成分析

(1)取垃圾试样 25～50kg，按照表 3-2 的分类进行粗分拣。

(2)将粗分拣后的剩余物过 10mm 筛，筛上物细分拣各成分，筛下物按其主要成分分类，无法分类的为混合类。

表 3-2　生活垃圾分拣组分表

有机物/kg		无机物/kg		可回收物/kg						其他/kg	混合/kg
动物	植物	灰土	砖瓦陶瓷	纸类	塑料、橡胶	纺织物	玻璃	金属	木竹		

(3)分类称量计算各成分组成。

$$C_{i(湿)} = \frac{M_i}{M} \times 100\% \tag{3-3}$$

$$C_{i(干)} = C_{i(湿)} \times \frac{1 - C_{i(水)}}{1 - C_{(水)}} \tag{3-4}$$

式中：$C_{i(湿)}$ 为湿基某成分含量(%)；M_i 为某成分质量(kg)；M 为样品总质量(kg)；$C_{i(干)}$ 为干基某成分含量(%)；$C_{i(水)}$ 为某成分含水率(%)；$C_{(水)}$ 为样品含水率(%)。

2. 生活垃圾含水率的测定

(1)用天平测量样品容器的质量，并记录在表 3-3 中。

表 3-3　含水率测定数据记录表

样品编号	容器质量/g	容器质量＋新鲜固废样品质量/g	容器质量＋第一次烘干固废样品质量/g	容器质量＋第二次烘干固废样品质量/g	容器质量＋第三次烘干固废样品质量/g	固体废物含水率/%

注：1. 计算质量时，应使用烘干的固体废物净重，即不含容器质量的固体废物的质量。
2. 因为挥发有机物灼烧前，需要干燥，因此，本实验与测量水分实验同时进行，即干燥实验后的样品，称重后保留，进行灰分试验。

(2)用天平测量样品容器＋测试样品的质量，并记录。

(3)将样品容器＋测试样品置于干燥箱中，烘干温度控制在(105±5)℃下，烘烤 2～8h 取下，冷却后使用天平称重并记录。当垃圾主要为可燃物时，烘干温度以 70～75℃为宜，烘烤时间 24h。

(4)重复烘 1～2h 后再称重并记录，直至质量恒定。当垃圾中有机物含量高时，完全达到质量恒定是困难的，因此一般以两次连续称量的误差小于称量物质质量的 4/1000 为标准。

(5)计算含水率(表 3-3)。

$$C_{i(湿)} = \frac{M_i}{M} \times 100\% \tag{3-5}$$

$$C_{i(水)} = \frac{1}{m} \sum_{j=1}^{m} \frac{M_{j(湿)} - M_{j(干)}}{M_{j(湿)}} \times 100\% \tag{3-6}$$

$$C_{(水)} = \sum_{i=1}^{n} C_{i(水)} \times C_{i(湿)} \tag{3-7}$$

式中：$C_{i(湿)}$ 为湿基某成分含量，%；$C_{i(水)}$ 为某成分含水率，%；$C_{(水)}$ 为样品含水率，%；M_j 为某成分质量，kg；$M_{j(湿)}$ 为每次某成分湿重，g；$M_{j(干)}$ 为每次某成分干重，g；n 为各成分数；m 为测定次数。

3. 生活垃圾容重的测定

(1)将采取的垃圾试样不加处理装满有效高度1m、容积100L的硬质塑料圆桶内，稍加振动但不压实，称取并记录质量。

(2)重复2～4次步骤(1)，每次称取并记录质量。

(3)容重计算：

$$\text{垃圾容量}(\text{kg/m}^3)=\frac{1000}{\text{称重次数}}\sum\frac{\text{每次称重质量(kg)}}{\text{样品体积(L)}} \tag{3-8}$$

4. 生活垃圾灰分和可燃物含量的测定

垃圾灰分是指垃圾试样在815℃下灼烧而产生的灰渣量。在815℃下，垃圾试样中的有机物质均被氧化，金属也成为氧化物，这样损失的质量也就是垃圾试样中的可燃物质量。分析步骤如下。

(1)称取并记录一系列坩埚质量(表3-4)。

表3-4　可燃物含量测定数据记录表

样品编号	容器质量/g	容器质量＋烘干固废样品质量/g	815℃灼烧后容器质量＋固废样品质量/g	固体废物中可燃物含量/%

(2)将粉碎后的各垃圾成分样品按物理组成的比例充分混合后，在每个坩埚中加入适当的量，称取并记录质量。

(3)将盛放有试样的坩埚放入马弗炉(或燃烧炉)，在(815±10)℃下灼烧1h，然后取下冷却。

(4)分别称量并计算含灰量，最后结果取平均值。

$$A=\frac{R-C}{S-C}\times 100\% \tag{3-9}$$

式中：A为垃圾试样的含灰量(%)；R为在815℃下灼烧后坩埚和试样的质量(kg)；S为灼烧前坩埚和试样的质量(kg)；C为坩埚的质量(kg)。

(5)垃圾的可燃物含量(%)＝100－A。

五、实验结果与讨论

(1)论述表征城市生活垃圾的特性参数及其含义。

(2)试对大学校园里的垃圾取样进行特性分析。

实验 3.7 生活垃圾(固体废物)热值测定

一、实验目的

生活垃圾的热值是生活垃圾的一个重要物化指标,是分析生活垃圾的燃烧性能,判断能否选用焚烧法对其进行处理的重要依据。根据经验,当生活垃圾的低热值大于 3350kJ/kg(800kcal/kg)时,燃烧过程无须加助燃剂,易于实现自燃烧。因此,测定生活垃圾的热值与工业生产中测定煤和石油的热值一样重要。通过本实验可以达到以下目的。

(1)学会用氧弹量热仪测定生活垃圾的热值。

(2)掌握氧弹量热仪的原理、构造及使用方法。

(3)掌握测定生活垃圾热值的条件。

(4)掌握雷诺图解法校正温度改变值。

二、实验原理

测量热效应的仪器称为量热计(卡计),量热计的种类有很多,本实验使用自动量热仪,固体废物发热量的测定在氧弹热量仪中进行。测量基本原理是在氧弹中,有过量氧气的情况下(初始压力为 2.6~2.8MPa),燃烧已知量的苯甲酸,设备会自动测量弹筒的发热量 $Q_{b,ad}$,再由式(3-10)计算氧弹热容量,将计算结果输入量热仪中。然后在过量氧气情况下,燃烧一定量的垃圾,量热仪自动测量弹筒发热量 $Q_{b,ad}$,再通过式(3-12)计算垃圾的热值。

(1)氧弹热容量确定:苯甲酸在充有足够氧气的氧弹内燃烧,通过测量燃烧前后温度的变化,确定量热仪的热容,计算见式(3-10)。

$$c_p(\text{或 } E) = \frac{mQ_{b,ad} + (q_1 + q_2)}{t_0 - t_1 + c} \tag{3-10}$$

式中:$Q_{b,ad}$为弹筒发热量(J/g);c_p为量热仪的热容(J/k);t_0、t_1为燃烧前后内筒的温度(℃);m为试样质量(g);c 为校正温度(℃);q_1为点火热(J);q_2为添加物热(J)。

(2)样品测定:将一定量的试样放入氧弹中燃烧,测试点燃前后量热系统产生的温升,再结合系统的热容,并对点火热等附加热进行校正后即可求得试样的弹筒发热量,见式(3-11)。

$$Q_{b,ad} = \frac{c_p(t_n - t_0 + c) - (q_1 + q_2)}{m} \tag{3-11}$$

从弹筒发热量中扣除硝酸形成热和硫酸校正热(硫酸与二氧化硫形成热之差)后即得高位发热量,见式(3-12)。对生活垃圾中的水分(生活垃圾中原有的水和氢燃烧生成的水)的汽化热进行校正后即可求得垃圾的低位发热量,见式(3-13)。

$$Q_{gr,ad} = Q_{b,ad} - (94.1S_{b,ad} + aQ_{b,ad}) \tag{3-12}$$

式中:$Q_{gr,ad}$为分析试样的空干基高位发热量(J/g);$Q_{b,ad}$为分析试样的弹筒发热量(J/g);$S_{b,ad}$为由弹筒测煤的含硫量,全硫含量低于 4%或发热量大于 14.60MJ/kg 时,可用全硫或可燃硫代替;94.1 为煤中 1%的校正值(J);a 为硝酸校正系数,$a=0.001$(当 $Q_{b,ad} \leqslant 16.70$MJ/kg

时)，$a=0.0012$(当 $16.70\text{MJ/kg}<Q_{b,ad}\leqslant25.10\text{MJ/kg}$ 时)，$a=0.0016$(当 $Q_{b,ad}>25.10\text{MJ/kg}$ 时)。

$$Q_{net,ar}=[Q_{gr,ad}-212H_{ad}-0.8(O_{ad}+N_{ad})]\times\frac{100-M_{ar}}{100-M_{ad}}-24.4M_{ar} \tag{3-13}$$

式中：$Q_{net,ar}$为收到基的高位发热量(J/g)，收到基的高位发热量与空干基高位发热量的关系为 $Q_{net,ar}=Q_{gr,ad}\dfrac{100-M_{ar}}{100-M_{ad}}$；$H_{ad}$为分析试样(空干基)的氢硫含量；$M_{ar}$为收到基的水分(%)；$M_{ad}$为分析试样(空干基)的水分(%)；$O_{ad}$为分析试样(空干基)的氧含量；$N_{ad}$为分析试样(空干基)的氮含量。

三、实验仪器和试剂

量热仪：设备A(图3-7)，ZDHW-6型微机全自动量热仪，2台；设备B(图3-8)：XKRL-2000A测热仪，2台。氧气钢瓶1个；氧气表2只；压片机1台；苯甲酸(分析纯或燃烧热专用)若干；铁丝若干；氧弹架1只；万分之一分析天平1台；10mL注射器；测试样品(或煤粉)；万用表。

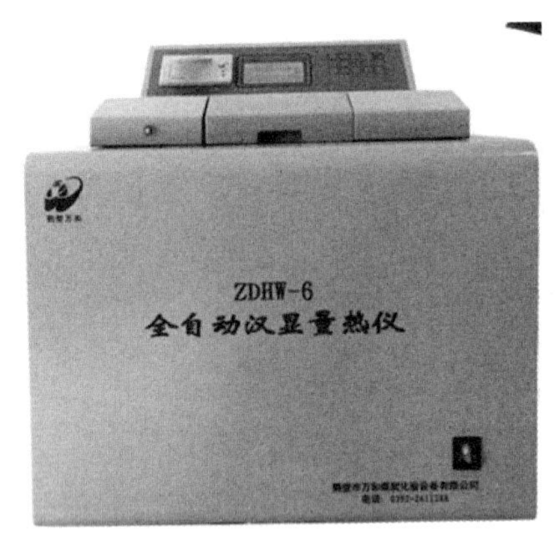

图3-7　设备A

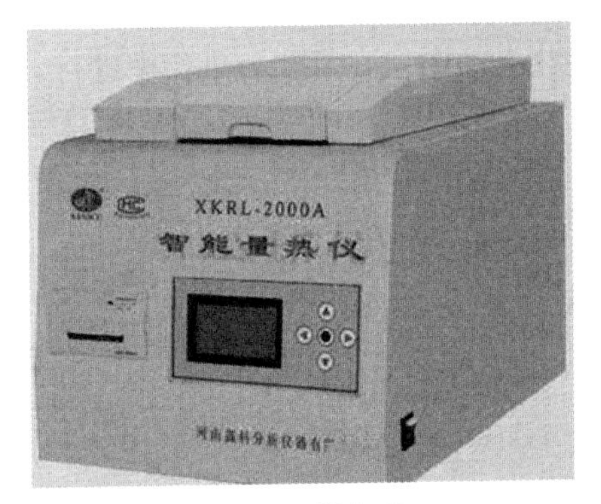

图3-8　设备B

四、实验步骤

(一)固体样品的准备

将混匀的具有代表性的生活垃圾或固体废物粉碎成粒径为2mm的碎粒；若含水率高，则应于105℃烘干，并记录水分含量，然后称取1.0g左右，方法同实验3.6。

(二)氧弹准备

(1)在氧弹(图3-9)中加入10mL蒸馏水。

(2)将铁丝绑牢于氧弹中的两根电极上，并用棉线将铁丝与坩埚中的待测物(苯甲酸或固体废物)连接。

(3)旋紧氧弹盖，用万用电表检查进气管电极与另一根电极是否通路。若通路，则旋紧出

1. 充气口；2. 密封圈；3，7. 电极杆；4. 点火丝压环；5. 坩埚支架；6. 挡火板。

图 3-9　氧弹结构示意图

气道后就可以充氧气。图 3-10 所示为自动充氧器。

充气过程如下：将氧气表头的导管和充气器进气管接通，此时减压阀门 2 应逆时针旋松。打开阀门 1，直至压力表 1 指针指在表压 10MPa 左右，然后渐渐旋紧减压阀门 2，使压力表 2 指针指在表压 3MPa（图 3-11）。

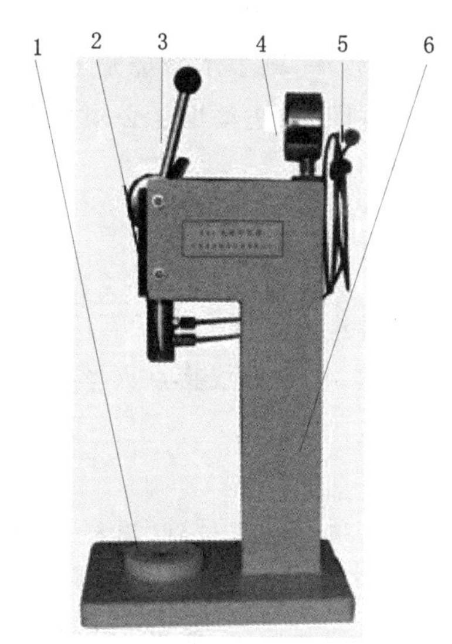

1. 底座；2. 充气口；3. 充氧手柄；

4. 压力表；5. 进气口；6. 支架。

图 3-10　自动充氧器

图 3-11　氧气瓶减压器

使充氧器进气口与氧弹充气嘴对正，压下充氧手柄，此时氧气已充入氧弹中。保持压力 3MPa，充氧 10～15s，抬起手柄，氧弹已充有 31atm（1atm＝101.35kPa）的氧气，可作燃烧之用。

（三）燃烧和测量温度

用万用电表检查充好氧气的氧弹是否通路，若通路则将氧弹放入恒温套层内。运行全自动量热仪测试程序，测量样品热值，步骤如下。

1. 设备A的实验步骤

(1)接通电源，打开全自动量热仪开关，仪器自检并提示"正在排水"，将内筒水排入外筒内。

(2)将苯甲酸放入氧弹内，按要求将氧弹内电极用点火丝连接，用细棉线将点火丝与坩埚接通，使其棉线与坩埚中的待测物接触良好。

(3)将准备好的氧弹放入量热仪内。

(4)按"标定"键，输入苯甲酸的质量，再按"标定"键，仪器进入自动分析过程，大约15min，会自动打印测定结果。

(5)按"设定"键，输入打印结果中的"热容"值，按"设定"键，返回设定菜单。

(6)按"发热量"键，输入待测样品质量，按一次"发热量"键确认输入值，再按一次"发热量"键，仪器进入分析状态，15min左右，会自动打印结果。仪器首先提示搅拌，然后提示点火，如果点火成功，温度又升高2℃左右，则等待打印结果即可。如果仪器提示点火失败或温度在点火后升高不明显，则需重做实验。

(7)全自动量热仪测试程序运行停止后，小心地拿出氧弹，打开氧弹出气口，放出余气，最后选出氧弹盖，检查样品燃烧的结果。若氧弹中没有什么燃烧弹残渣，则表示燃烧完全；若氧弹中有许多黑色的残渣，则表示燃烧不完全，实验失败。燃烧后剩下的铁丝长度必须用尺测量，把数据记录下来。最后倒去自来水，擦干盛水桶待下次实验用。

2. 设备B的实验步骤

(1)接通电源，打开全自动量热仪开关，仪器自检，按"任意"键进入系统操作菜单。

(2)将苯甲酸放入氧弹内，按要求将氧弹内电极用点火丝连接，用细棉线将点火丝与坩埚中待测物接通，使其与棉线接触良好。

(3)将准备好的氧弹放入量热仪内。

(4)将光标定位到"热容量测定"，按●键进入热容测量界面，将光标定位到"试样重量"，输入苯甲酸质量，按●键进入质量修改模式，按▶键定位到需要修改的数值，按▲▼键调整数字大小。修改正确后，按●键退出修改模式。按▼键使光标定位到开始，按●键仪器进入自动分析过程，等待测定结果，大约15min，会自动打印测定结果。

(5)将光标定位到"标定数据"，按●键进入标定界面，将光标定位到"热容量"，输入打印结果中的"E"值，修改方法同上，按●键返回主菜单。

(6)将光标定位到"发热量测定"，按●键进入发热量测定界面，输入试样质量，按▼键使光标定位到开始，仪器进入分析状态，15min左右，会自动打印结果。仪器提示测量中，5min后会确定 t_0 值，随后会点火，如果点火成功，温度又升高2℃左右，则等待打印结果即可。如果仪器提示点火失败或温度在点火后没有明显升高，则需重做实验。

3. 数据处理

(1)根据试样氧弹的发热量，由式(3-12)求试样的高位发热量。假设试样中硫含量为0.286%。

(2)根据高位发热量，由式(3-13)求试样的低位发热量。试样中水含量参考水分测量试验。假设试样硫含量为0.268%，氢含量为3.6%。

五、实验结果与讨论

(1)固体状样品与流动状样品的热值测量方法有何不同？

(2)在利用氧弹量热仪测量废物的热值中，有哪些因素可能影响测量分析的精度？

(3)试对本实验提出改进措施。

六、注意事项

针对所取的垃圾样品，本实验的测定结果是真实可信的。但是，由于生活垃圾种类繁多且混合极不均匀，而在热值测定时取样量很少(仅1.0g左右)，因此，垃圾样品的代表性是垃圾热值测定结果是否可信的决定性因素。为了解决这个问题，可将垃圾首先进行物理组成和含水率的测定，然后按照本实验测定各组分的热值，将各组分的热值加权平均计算出生活垃圾的热值。

氧弹最大充氧压力必须不大于3.2MPa。因为氧弹是压力容器，所以有安全使用压力限制。如果充入压力超过这个限定值，则需要将氧弹中的氧气放掉，调整减压器的压力，重充。点火后20s内身体任何部位不可置于氧弹上方，以防发生氧弹事故。两年内需对氧弹进行水压试验一次，发现氧弹异常应及时进行水压试验。对于实验仪器应轻拿轻放，并保持仪器表面干燥。该实验必须在老师的指导下进行。

实验3.8　固体废物堆肥实验

一、实验目的

有机固体废物的堆肥化技术是一种常用的固体废物生物转换技术，是对固体废物进行稳定化、无害化处理的一种重要方式。通过本实验，希望达到以下目的。

(1)掌握有机垃圾好氧堆肥化的过程和原理。

(2)了解堆肥化过程的各种影响因素和控制措施。

二、实验原理

有机垃圾的好氧堆肥化是一种在有氧条件下，依靠好氧微生物的作用而腐殖化的过程(图3-12所示)。好氧堆肥过程中，垃圾中的可溶性小分子有机物质透过微生物的细胞壁和细胞膜而被微生物吸收利用。不溶性大分子有机物则先附着在微生物的体外，由微生物所分泌的胞外酶分解为可溶性小分子物质，再输送到细胞内被微生物利用。通过微生物的生命活动（合成及分解过程），把一部分被吸收的有机物氧化成简单的无机物，并提供生命活动所需要的能量，把另一部分有机物转化合成为新的细胞物质，供微生物增殖。

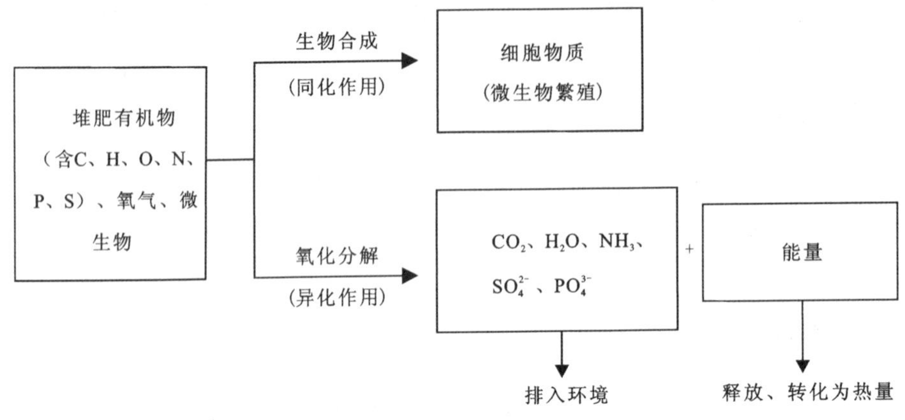

图 3-12 有机垃圾的好氧堆肥化

在有氧条件下，好氧菌对废物进行吸收、氧化、分解。微生物通过自身的生命活动，把一部分被吸收的有机物氧化成简单的有机物，同时释放出微生物生长活动需要的能量，而另一部分有机物则被合成新的细胞质，使微生物不断生长繁殖，产生出更多的生物体。有机物生化降解的同时，伴有热量产生，因发酵工程中该热能不会全部散发到环境中，就必然造成发酵物料的温度升高。这样就会使那些不耐高温的微生物死亡，耐高温的细菌快速繁殖。生态动力学研究表明，好氧分解中，发挥主要作用的是菌体硕大、性能活泼的嗜热细菌群。该菌群在大量氧分子存在下将有机物氧化分解，同时释放大量能量。根据此发酵过程中伴随着的两次高温，将其分成三个过程：起始阶段、高温阶段和熟化阶段。

(1)起始阶段。不耐高温的细菌分解有机物中易降解的葡萄糖、脂肪酸，同时放出热量使温度上升。温度可达 15～40℃。

(2)高温阶段。耐高温菌迅速繁殖，在供氧条件下，大部分较难降解的有机物（蛋白质、纤维等）继续被氧化分解，同时放出大量热能，使温度上升至 60～70℃。当有机物基本分解完时，嗜热菌因缺乏养料而停止生长，产热随之停止，堆肥的温度逐渐下降，当温度稳定在 40℃时，发酵基本稳定，形成腐殖质。

(3)熟化阶段。冷却后的发酵，一些新的微生物借助残余有机物（包括死掉的细菌残体）而生长，最终完成发酵过程。

在基本掌握了堆肥的原理和过程之后，发酵堆肥过程的关键就是如何选择工艺条件，促使微生物降解的过程顺利进行，主要考虑供氧量、含水量、碳氮比、碳磷比、pH 值等条件。

在好氧堆肥过程中，有机物的氧化分解可用下式表示：

$$C_SH_tN_uO_v \cdot aH_2O + 6O_2 \longrightarrow C_wH_xN_yO_z \cdot cH_2O + dH_2O(\text{气}) + eH_2O(\text{液}) + fCO_2 + gNH_3 + \text{能量}$$

由于堆温较高，部分水以蒸汽的形式排出。堆肥成品 $C_wH_xN_yO_z \cdot cH_2O$ 与堆肥原料 $C_SH_tN_uO_v \cdot aH_2O$ 之比为 0.3～0.5（这是氧化分解减量化的结果）。上式中 w、x、y、z 通常可取如下范围：$w=5\sim10$，$x=7\sim17$，$y=1$，$z=2\sim8$。

如果考虑有机垃圾中的其他元素，则上式可简单表示为：

$$[C、H、O、N、S、P]+O_2 \longrightarrow CO_2+NH_3+SO_4^{2-}+PO_4^{3-}+简单有机物+更多的微生物+热量$$

对于高温二次发酵堆肥工艺来说，通风供氧、堆料含水率、温度是最主要的发酵条件。另外，堆肥原料的有机质含量、粒度、C/N、C/P、pH 值对堆肥过程也有影响。

三、实验仪器与装置

实验仪器与装置主要包括有机垃圾好氧堆肥实验装置、增氧泵 1 台、布气管路 1 套、固体支架 1 套等。

有机垃圾好氧堆肥实验装置由反应器主体、强制通风供气系统和渗滤液收集系统三部分组成，如图 3-13 所示。实验设备规格见表 3-5。

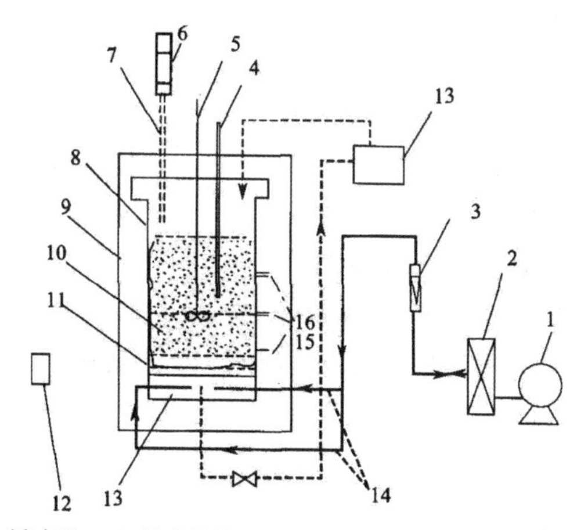

1. 空压机；2. 缓冲器；3. 气体流量计；4. 测温装置(温度计)；5. 搅拌装置；6. 取样器；7. 气体收集管；8. 反应器主体；9. 保温材料；10. 堆料；11. 渗滤层；12. 温控仪；13. 渗滤液收集槽；14. 进气管；15. 集水区；16. 取样口。

图 3-13 有机垃圾好氧堆肥实验装置

表 3-5 有机垃圾好氧堆肥实验装置规格表

序号	名称	型号规格	备注
1	空压机	Z-0.29/7	
2	缓冲器	H/Φ=380mm/260mm	最高压力：0.5MPa
3	气体流量计	LZB-6 量程 0～0.6m^3/h	20℃，101.3kPa
4	测温装置(温度计)	量程 0～100℃	
5	搅拌装置	直径 10mm 不锈钢棍	
6	取样器	ZQ.B41A.5 5mL	
8	反应器主体	H/Φ=480mm/390mm	材料：不锈钢
12	温控仪	WMZK-01 量程 0～50℃	

(1)供气系统。气体由空压机 1 产生后可暂时储存在缓冲器 2 里,经过气体流量计 3 定量后从反应器底部供气。供气管为直径 5mm 的蛇皮管。为了达到相对均匀的供气,把供气管在反应器内的部分加工为多孔管,并采用双路供气的方式。

(2)反应器主体。实验的核心装置是一次发酵反应器。设计采用不锈钢制成罐:内径 390mm,高 480mm,总容积 57.32L。周围用保温材料包裹,以保证堆肥温度。反应器侧面设有采样口,可定期采样。反应器顶部设有气体收集管 7。用医用注射器作取样器 6,定时收集反应器内气体样本。此外,反应器上还配有测温装置 4.搅拌装置 5。

(3)渗滤液分离收集系统。反应器底部设有多孔板(图 3-14 中 2)以分离渗滤液。多孔板用不锈钢制成,板上布满直径为 4mm 的小孔。多孔板下部的集水区底部为倾斜的锥面,可随时排出渗滤液。渗滤液储存在渗滤液收集槽(图 3-13 中 13)中,需要时可进行回灌,以调节堆肥物含水率。

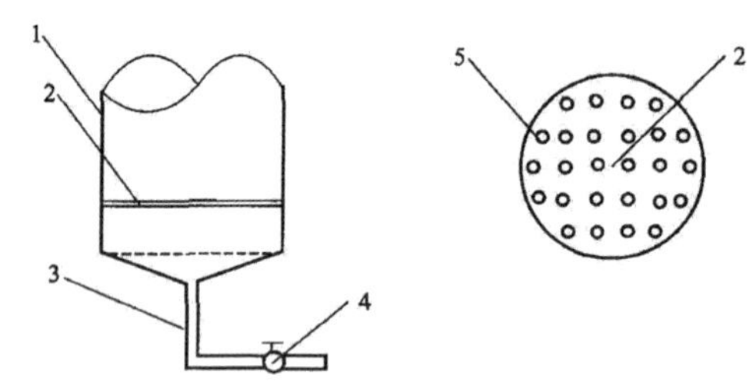

1.反应器;2.多孔板;3.出水收集管;4.球阀;5.导排孔。

图 3-14 渗滤液分离收集系统示意图

四、实验步骤

(1)将 40kg 有机垃圾进行人工剪切破碎,并筛分,使垃圾粒度小于 10mm。

(2)测定有机垃圾的含水率。

(3)将破碎后的有机垃圾投加到每个反应器中,控制供气流量为 $1m^3/(h \cdot t)$。

(4)在堆肥开始第 1 天、第 3 天、第 5 天、第 8 天、第 10 天、第 15 天、第 20 天和第 30 天分别取样测定堆体的含水率,记录堆体中央温度,从气体取样口取样测定 CO_2 和 O_2 的浓度(表 3-6)。

表 3-6 垃圾发酵实验数据记录表

项目	供气流量: $m^3/(h \cdot t)$			
	含水率/%	温度/℃	CO_2体积分数/%	O_2体积分数/%
固废原料				
第 1 天				
第 3 天				
第 5 天				
第 8 天				
第 10 天				

续表 3-6

项目	供气流量：　　$m^3/(h \cdot t)$			
	含水率/%	温度/℃	CO_2体积分数/%	O_2体积分数/%
第 15 天				
第 20 天				
第 30 天				

(5)调节供气流量分别为 $5m^3/(h \cdot t)$和 $8m^3/(h \cdot t)$，重复上述实验步骤。

五、实验结果与讨论

(1)记录实验温度、气体流量等基本参数；记录实验主体设备的尺寸、温度、气体流量。
(2)实验数据可参考表 3-6。
(3)分析影响堆肥过程中堆体含水率的主要因素。
(4)分析堆肥中通风量对堆肥过程的影响。
(5)绘制堆体温度随时间变化的曲线。

4 微生物实验

实验 4.1 细菌简单染色法和革兰氏染色法实验

一、细菌简单染色法

(一)实验目的

(1)熟悉普通光学显微镜的构造及各部分的功能。
(2)学习微生物涂片、染色的基本技术。
(3)掌握细菌的简单染色法。
(4)初步认识细菌的形态特征,学习油镜的使用方法和无菌操作技术。

(二)实验原理

细菌的涂片和染色是微生物学实验中的一项基本技术。细菌的细胞小而透明,在普通的光学显微镜下不易识别,必须对它们进行染色。利用单一染料对细菌进行染色,使经染色后的菌体与背景形成明显的色差,从而能更清楚地观察到其形态和结构。此法操作简便,适用于菌体一般形状和细菌排列的观察。

常用碱性染料进行简单染色,这是因为在中性、碱性或弱酸性溶液中,细菌细胞通常带负电荷,而碱性染料在电离时,其分子的染色部分带正电荷,因此碱性染料的染色部分很容易与细菌结合使细菌着色。经染色后的细菌细胞与背景形成鲜明的对比,在油镜下更易于识别。常用作简单染色的染料有美蓝、结晶紫、碱性复红等。

当细菌分解糖类产酸使培养基 pH 值下降时,细菌所带正电荷增加,此时可用伊红、酸性复红或刚果红等酸性染料染色。

染色前必须固定细菌,其目的有二:一是杀死细菌并使菌体黏附于载玻片上;二是增加对染料的亲和力。常用的有加热和化学固定两种方法。固定时尽量维持细胞原有的形态。

(三)实验材料

1. 菌种

菌种:金黄色葡萄球菌约 18h 营养琼脂斜面培养物,大肠杆菌(*Escherichia coli*)24h 营养琼脂斜面培养物。

2. 染色剂

染色剂:草酸铵结晶紫染液,番红染液。

3. 仪器或其他用具

仪器或其他用具:油镜,酒精灯,载玻片,接种环,玻片搁架、双层瓶(内装香柏油和二甲苯),擦镜纸,生理盐水或蒸馏水等。

(四)实验流程

实验流程:涂片→干燥→固定→染色→水洗→干燥→镜检。

(五)实验步骤

1. 涂片

取两块洁净无油的载玻片,在无菌的条件下各滴一小滴生理盐水(或蒸馏水)于玻片中央,用接种环进行无菌操作,分别从金黄色葡萄球菌、大肠杆菌斜面上挑取少许菌苔于水滴中,混匀并涂成薄膜。若用菌悬液(或液体培养物)涂片,可用接种环挑取2～3环直接涂于载玻片上。注意滴生理盐水(蒸馏水)和取菌时不宜过多且涂抹要均匀,不宜过厚。

2. 干燥

室温自然干燥,也可以将涂面朝上在酒精灯上方稍微加热,使其干燥,但切勿离火焰太近,因温度太高会破坏菌体形态。

3. 固定

如用加热干燥,则固定与干燥合为一步,方法同干燥。

4. 染色

将玻片平放于玻片搁架上,滴加染液1～2滴于涂片上(以染液刚好覆盖涂片薄膜为宜)。用吕氏碱性美蓝染色液染色1～2min,草酸铵结晶紫染色液染色约1min。

5. 水洗

倾去染液,用自来水从载玻片一端轻轻冲洗,直至从涂片上流下的水无色为止。水洗时,不要用水流直接冲洗涂面。水流不宜过急、过大,以免涂片薄膜脱落。

6. 干燥

甩去载玻片上的水珠,自然干燥,或者用电吹风吹干、用吸水纸吸干均可以(注意勿擦去菌体)。

7. 镜检

涂片干后镜检。涂片必须完全干燥后才能用油镜观察。

(六)实验结果

绘制单染色后观察到的大肠杆菌和金黄色葡萄球菌的形态图。

二、革兰氏染色法

(一)实验目的

(1)了解革兰氏染色法的原理及其在细菌分类鉴定中的重要性。
(2)学习并掌握革兰氏染色技术,以及油镜的使用方法。

(二)实验原理

革兰氏染色法是1884年由丹麦病理学家 Christain Gram 创立的,革兰氏染色法可将所有的细菌区分为革兰氏阳性菌(G+)和革兰氏阴性菌(G-)两大类。革兰氏染色法是细菌学中最重要的鉴别染色法。

革兰氏染色法的基本步骤:先用初染剂结晶紫进行初染,再用碘液媒染,然后用乙醇(或丙酮)脱色,最后用复染剂(如番红)复染。经此方法染色后,细胞保留初染剂蓝紫色的细菌为革兰氏阳性菌;如果细胞中初染剂被脱色剂洗脱而使细菌染上复染剂的颜色(红色),则该菌属于革兰氏阴性菌。

革兰氏染色法能将细菌分为革兰氏阳性菌和革兰氏阴性菌,是由这两类细菌细胞壁的结构和组成不同决定的。实际上,当用结晶紫初染后,像简单染色法一样,所有细菌都被染成初染剂的蓝紫色。碘作为媒染剂,它能与结晶紫结合成结晶紫与碘的复合物,从而增强染料与细菌的结合力。当用脱色剂处理时,两类细菌的脱色效果是不同的。革兰氏阳性菌的细胞壁主要由肽聚糖形成的网状结构组成,壁厚、类脂质含量低,用乙醇(或丙酮)脱色使细胞壁脱水,使肽聚糖层的网状结构孔径缩小,透性降低,从而使结晶紫与碘的复合物不易被洗脱而保留在细胞内,经脱色和复染后仍保留初染剂的蓝紫色。革兰氏阴性菌则不同,由于其细胞壁肽聚糖层较薄、类脂含量高,所以当脱色处理时,类脂质被乙醇(或丙酮)溶解,细胞壁透性增大,使结晶紫与碘的复合物比较容易被洗脱出来,用复染剂复染后,细胞被染上复染剂的红色。

(三)实验材料

1. 菌种

菌种:大肠杆菌约24h营养琼脂斜面菌种1支,金黄色葡萄球菌约18h牛肉膏琼脂斜面菌种1支。

2. 染色剂

染色剂:结晶紫染色液、卢戈氏碘液、95%乙醇、番红液。

3. 仪器或其他用具

仪器或其他用具:油镜、擦镜纸、接种环、载玻片、酒精灯、蒸馏水、香柏油、二甲苯、滤纸、吸水纸。

(四)实验流程

实验流程:涂片→干燥→固定→染色(初染→媒染→脱色→复染)→镜检。

(五)实验步骤

1. 涂片

(1)常规涂片法。取一洁净的载玻片,用特种笔在载玻片的左右两侧标上菌号,并在两端各滴一小滴蒸馏水,以无菌接种环分别挑取少量菌体涂片,干燥、固定。载玻片要洁净无油,否则菌液涂不开。

(2)"三区"涂片法。在载玻片的左、右端各加一滴蒸馏水,用无菌接种环挑取少量金黄色葡萄球菌与左边水滴充分混合成仅有金黄色葡萄球菌的区域,并将少量菌液延伸至载玻片的中央。再用无菌的接种环调取少量大肠杆菌与右边的水滴充分混合成仅有大肠杆菌的区域,并将少量的大肠杆菌液延伸到载玻片中央,与金黄色葡萄球菌相混合含有两种菌的混合区,干燥、固定。要用活跃生长期的幼培养物作革兰氏染色;涂片不宜过厚,以免脱色不完全造成假阳性。

2. 初染

滴加结晶紫(以刚好将菌膜覆盖为宜)于两个载玻片的涂面上,染色1min,倾去染色液,细水冲洗至洗出液为无色,将载玻片上的水甩净。

3. 媒染

用卢戈氏碘液媒染约1min,水洗。

4. 脱色

用滤纸吸去载玻片上的残水,将载玻片倾斜,在白色背景下,用滴管流加95%的乙醇脱色,直至流出的乙醇无紫色时,立即水洗,终止脱色,将载玻片上的水甩净。

革兰氏染色结果是否正确,乙醇脱色是革兰氏染色操作的关键环节。脱色不足,阴性菌被误染成阳性菌;脱色过度,阳性菌被误染成阴性菌。脱色时间一般为20～30s。

5. 复染

在涂片上滴加番红液复染2～3min，水洗，然后用吸水纸吸干。在染色的过程中，不可使染液干涸。

干燥后，用油镜观察。判断两种菌体染色反应性。菌体被染成蓝紫色的是革兰氏阳性菌（G＋），被染成红色的为革兰氏阴性菌（G－）。

6. 实验结束后处理

清洁油镜。先用擦镜纸擦去镜头上的油，然后用擦镜纸蘸取少许二甲苯擦去镜头上的残留油迹，最后用擦镜纸擦去残留的二甲苯。染色载玻片用洗衣粉水煮沸、清洗，晾干后备用。

（六）实验结果

（1）根据观察结果，绘出两种细菌的形态图。
（2）列表简述两株细菌的染色结果（说明各菌的形状、颜色和革兰氏染色反应）。

（七）思考题

（1）哪些环节会影响革兰氏染色结果的正确性？其中最关键的环节是什么？
（2）乙醇脱色后复染之前，革兰氏阳性菌和革兰氏阴性菌应分别是什么颜色？
（3）不经过复染这一步，能否区别革兰氏阳性菌和革兰氏阴性菌？
（4）为什么要求制片完全干燥后才能用油镜观察？
（5）如果涂片未经热固定，将会出现什么问题？加热温度过高、时间太长，会怎样？

实验4.2　水中细菌总数的测定

一、实验目的和要求

（1）学习并掌握水样采集和水样中细菌总数的测定方法。
（2）了解水质状况与细菌数量在饮水中的重要性。

水中细菌总数可作为判定被检水样被有机物污染程度的标志。细菌数量越多，水中有机质含量越高。在水质卫生学检验中，细菌总数是指1mL水样在牛肉膏蛋白胨琼脂培养基中经37℃、24h培养后所生长出的细菌菌落数。我国规定1mL自来水中细菌总数值不得超过100个。

本实验采用平板菌落计数法测定水中细菌总数。

二、材料和器皿

（1）培养基：牛肉膏蛋白胨琼脂培养基。

(2)试剂:主要为无菌水。

(3)器皿:无菌三角瓶、无菌带塞玻璃瓶、无菌培养皿、无菌移液管、无菌试管等。

三、实验步骤

1. 水样采集和保藏

(1)自来水采集和保藏。先将水龙头用火焰烧灼 3min 灭菌,然后放水 5～10min,最后用无菌容器接取水样,并速送回实验室检测。

(2)池水、河水或湖水采集和保藏。将无菌的带塞玻璃瓶瓶口向下浸入距水面 10～15cm 的深层水中,然后翻转过来,除去瓶塞,水即流入瓶中,取完水样后,将瓶塞塞好(注意:采样瓶内水面与瓶塞底部间留些空隙,以便在测定时可充分摇匀水样),再从水中取出。

2. 水中细菌总数测定

(1)水样稀释。取 3～4 支无菌试管,并依次编号,然后在上述每支试管中加入 9mL 无菌水。接着取 1mL 水样加入 10^{-1}试管中,摇匀(注意:这根已接触过原液水样的移液管的尖端不能再接触 10^{-1}试管中液面),另取 1mL 无菌移液管从 10^{-1}试管中吸取 1mL 水样至 10^{-2}试管中(注意点同上),如此稀释至 10^{-3} 或 10^{-4} 管(稀释倍数视水样污染程度而定,取在平板上能长出 30～300 个菌落的稀释倍数为宜)。

(2)加稀释水样。最后从 3 个稀释度的试管中各取 1mL 稀释水样加入无菌培养皿中,每一稀释度重复 3 个培养皿。

(3)加入融化培养基。在上述每个培养皿内加入约 15mL 已融化并冷却至 45～50℃的牛肉膏蛋白胨琼脂培养基,随即快速而轻巧地摇匀。

(4)待凝培养。待平板完全凝固后,倒置于 37℃培养箱中培养 24h。

3. 计菌落数

将培养 24h 的平板取出,用肉眼观察,计平板上的细菌菌落数。将各水样测定平板中细菌菌落的计数结果记录在表 4-1 中,并按下述方法计算结果。

表 4-1 细菌菌落计数表

水样	不同稀释度的平均菌落数				菌落总数/($cfu \cdot mL^{-1}$)
	原液 (1)(2)(3)平均值	10^{-1} (1)(2)平均值	10^{-2} (1)(2)平均值	10^{-3} (1)(2)平均值	
自来水					
河水					
池水					
湖水					

细菌菌落总数计算通常是采用同一浓度的三个平板菌落总数，取其平均值，再乘稀释倍数，即得 1mL 水样中细菌菌落总数。各种不同情况计算方法如下。

(1)选择平均菌落数在 30～300 之间者进行计算，当只有一个稀释度的平均值符合此范围时，该平均菌落数乘稀释倍数即为该水样的细菌总数(表 4-2 例次 1)。

(2)若有两个稀释度，各平均菌落数均在 30～300 之间，则按两者菌落总数之比值来决定。若其比值小于 2，则应取两者的平均数，若大于 2，则取其中较小的菌落总数(表 4-2 例次 2和例次 3)。

(3)若所有稀释度的平均值大于 300，则应用稀释度最高的平均菌落数乘稀释倍数(表 4-2 例次 4)。

(4)若所有稀释度的平均值小于 30，则应用稀释度最低的平均菌落数乘稀释倍数(表 4-2 例次 5)。

(5)若所有稀释度的平均值不在 30～300 之间，则以最接近 300 或 30 的平均菌落数乘稀释倍数(表 4-2 例次 6)。

(6)在同一稀释度的两个平板中，若其中一个平板有较大片状菌苔生长，则该平板的数据不予采用，而应以无片状菌苔生长的平板作为该稀释度的平均菌落数；若片状菌苔大小不到平板的一半，而其余一半菌落分布又很均匀，则可将此一半的菌落数乘 2 来表示整个平板的菌落数，然后计算该稀释度的平均菌落数。

表 4-2　菌落总数计算方法举例

例次	不同稀释度的平均菌落数			两稀释度菌落数之比	菌落总数/($cfu \cdot mL^{-1}$)	备注
	10^{-1}	10^{-2}	10^{-3}			
1	1365	164	20	—	16 400	两位以后的数字采取四舍五入法取舍
2	2760	295	46	1.6	37 750	
3	2890	271	60	2.2	27 100	
4	无法计数	1650	513	—	16 400	
5	27	11	5	—	16 400	
6	无法计数	305	12	—	16 400	

四、注意事项

水样采集后，应速送回实验室测定，若暂不用测定，则应放在 4℃冰箱存放，若无低温保存条件，则应在报告中注明水样采集与测定的间隔时间。一般较清洁的水可在 12h 内测定，污水需在 6h 内结束测定。

五、思考题

(1)通过对自来水样品中细菌总数的测定，你认为此样品是否符合国家饮用水的卫生标准？

(2)你所检测的水源的水污染情况如何？

(3)国家对自来水的细菌总数有一标准，那么各地能否自行改变测试条件(如培养温度、培养时间及培养基种类等)进行水中细菌总数的测定，为什么?

实验 4.3 水中总大肠菌群的检测

一、实验目的和要求

学习不同来源水质大肠菌群的检测方法，了解并掌握大肠菌群的存在和数量对饮水质量和人畜健康的重要性。

二、基本原理

大肠菌群是一群以大肠埃希氏菌(*Escherichia coli*)为主的需氧及兼性厌氧的革兰氏阴性无芽孢杆菌，包括埃希氏菌属(*Escherichia Castellani and Chalmers*)、柠檬酸细菌属(*Citrobacter*)、肠细菌属(*Enterobacter*)和克雷伯氏菌属(*Klebsiella*)等，是肠道中最普遍、数量最多的一类细菌。大肠菌群能发酵乳糖产酸、产气，从而可与其他肠道菌群相互区别，因而易于检测。因此，常将大肠菌群作为水源被粪便污染的指示菌。我国《生活饮用水卫生标准》(GB 5749—2006)中规定大肠菌数在 1L 饮用水中不得超过 3 个。常用的检测法有多管发酵(MPN)法和滤膜法。

三、实验器材

1. 待检水样

待检水样包括生活污水、自来水。

2. 器材

(1)培养基。乳糖蛋白胨培养液(内有倒管，每管 10mL)；二倍或三倍浓缩乳糖蛋白胨培养液(内有倒管，每管 5mL)；伊红美蓝琼脂培养基；品红亚硫酸钠培养基(远藤氏培养基)；乳糖蛋白胨半固体培养基。

(2)仪器。无菌采水器、1mL 吸管、指形管、500mL 抽滤瓶、灭菌滤瓶、灭菌滤器、3 号滤膜(φ0.5cm)，抽气设备、灭菌无齿镊子、染色及镜检用物、无菌镊子等。

四、实验步骤

1. 水样采集

方法与要求同实验 4.2。

2. 水样稀释

若水样较污浊或被粪便污染程度较严重，则应进行 10 倍系列稀释，待用。具体操作方法有多管发酵法和滤膜法。以下主要介绍滤膜法。

滤膜是一种微孔薄膜(孔径 φ0.45μm),将水样注入已灭菌的放有滤膜的滤器上,经过抽滤可使细菌截留于滤膜上,然后将滤膜贴于品红亚硫酸钠平板上,培养后计数并鉴定滤膜上的紫红色且具金属光泽的菌落,计算出每升水样中含有的总大肠菌群数。此法可适用于杂质和大肠菌群较少的水样,操作简单、快速。

(1)滤膜的灭菌。将滤膜放于烧杯中,加入蒸馏水,置于沸水浴中煮沸灭菌 3 次,每次 15min,前两次煮沸后需换水,换水洗涤 2～3 次,以除净所附残留物。

(2)滤器灭菌。用点燃的酒精棉球火焰灭菌,或高压蒸汽灭菌。

(3)滤器安装。用无菌镊子夹取灭菌滤膜边缘处,使其毛面向上,贴放于灭菌的滤器上,固定好滤器。

(4)水样过滤。将 333mL 水样注入滤器滤膜上,加盖后在负压 0.5×105Pa 抽滤完后,再延时约 5s,关上阀门,取下滤器。

(5)接种与培养。用无菌镊子夹取滤膜边缘,小心地移贴于品红亚硫酸钠培养基平板上(截面向上),滤膜与培养基之间不得留有气泡,然后将平板倒置,于 37℃的温度下培养 16～18h。

(6)结果观察。挑取符合大肠菌群典型特征的菌落进行革兰氏染色。如是革兰氏染色阴性的无芽孢杆菌,则将此菌落接种于一支乳糖蛋白腺半固体培养基中(接种前,此培养基应置于水浴中煮沸排气后,再冷却备用),经 37℃培养 6～8h 产气者,则可判定为大肠菌群阳性。

(7)结果计算。菌数(个·L^{-1})=滤膜上生长的大肠菌群菌落数×3。应注意:一个滤膜上生长的菌落数不应超过 60 个,否则,过于稠密难以准确计数。

五、实验报告

记录并报告不同来源水域中总大肠菌群的数量。

六、思考题

(1)判别大肠菌群的依据是什么?

(2)为什么大肠菌群可作为水源污染的指示菌?

实验 4.4　土壤及空气中微生物的检测

土壤最适宜微生物生活,它具有微生物所需要的一切营养物质和微生物进行生长繁殖及生存的各种条件,所以土壤中微生物的数量和种类都很多。它们参与土壤的氮、碳、硫、磷等元素的循环作用。此外,土壤中微生物的活动对土壤形成、土壤肥力和作物生产都有非常重要的作用。因此,查明土壤中微生物的数量和组成情况,对发掘土壤微生物资源和对土壤微生物实行定向控制无疑是十分必要的。

空气中没有可被微生物直接利用的营养物质和足够的水分,它不是微生物生长繁殖的天然环境,因此空气中没有固定的微生物种类。微生物主要通过气溶胶、尘埃、小水滴、人和动物体表的干燥脱落物、呼吸道的排泄物等被带入空气。由于微生物能产生各种休眠体，故可在空气中存活相当长的时期而不死亡。空气中微生物的种类主要为真菌和细菌，其数量取决于所处的环境和飞扬的尘埃量。

一、实验材料

培养基为牛肉膏蛋白胨琼脂培养基（培养细菌）、高氏一号琼脂培养基（培养放线菌）、查氏培养基（培养霉菌）。

二、实验仪器

培养箱，电子秤，均质器，菌落计数器，微波炉，高压灭菌锅，加样器，冰箱，酒精灯，试管架，500mL 三角瓶，量筒，玻璃试管，灭菌吸管，凉干架，剪刀，镊子，脱脂棉，纱布，试管筐，无菌采样袋及称样袋。

三、实验步骤

1. 土壤微生物检测

(1)土壤样品的连续稀释。取新鲜土壤样品 1g，在酒精灯火焰旁加一个装有 99mL 无菌水的锥形瓶中（锥形瓶内装有几个玻璃珠），左右方向振荡锥形瓶数十次使土与水充分混合，将菌分散，即为 10^{-2} 菌液，然后将菌悬液进一步稀释，一直稀释到合适的稀释倍数（使接种 1mL 菌液的培养皿平板上出现 30～300 个菌落）。

(2)根据样品中各种微生物的数量选择合适的稀释度，每种选择 3 个稀释度，每个稀释度设 3 个重复。选择出合适的稀释度后，用无菌移液管将悬液 1mL 转移到培养皿中。

(3)将已灭菌的培养基融化后冷却至 45℃（温度过高，可将土壤菌悬液中的菌杀死；温度过低，则培养基凝固太快，不易倒出）。右手拿装培养基的三角瓶，左手把皿盖打开一小缝倾入培养基 15～20mL，迅速盖皿盖，平放桌上，轻轻旋转，使培养基和土壤悬浮液充分混匀，凝固后，将培养皿倒置于培养箱中培养。分离放线菌时，制备平板前在培养基中加入 5% 的酚溶液 2 滴，以抑制细菌生长，于 25～30℃培养箱中培养 7～10d 观察。分离霉菌时，制备平板前在培养基中加入 80% 的乳酸数滴，于 25～30℃培养箱中培养 3～4d 观察。

细菌在 37℃的温度下培养 24h 后观察菌落形态（图 4-1）。

应注意：菌落总体形状和边缘状况可由菌落上方俯视观察，而菌落高度则由平板边缘水平观察。

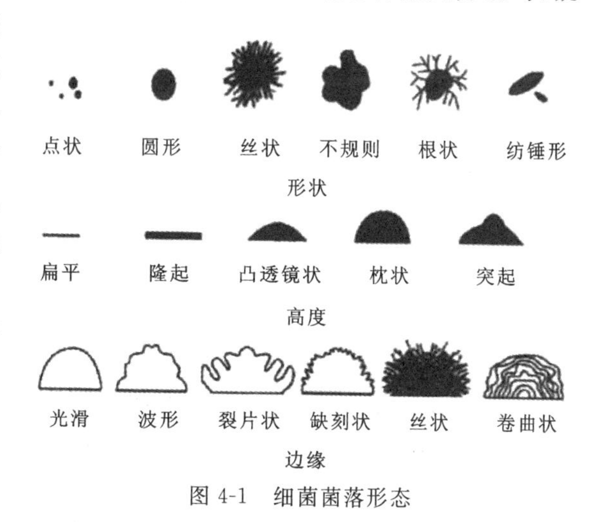

图 4-1 细菌菌落形态

2. 空气中微生物的检测

（1）沉降法。①将牛肉膏蛋白胨琼脂培养基、查氏琼脂培养基、高氏一号琼脂培养基溶化后，各倒于四个平板上。②将上述三种培养皿各取两个，在室外打开皿盖，分别暴露于空气中5min、10min后盖上皿盖。另两个培养皿在实验室空气中分别暴露5min、10min后盖上皿盖。③牛肉膏蛋白胨平板于37℃，倒置培养1d；查氏琼脂平板和高氏一号琼脂平板倒置于28℃分别培养3～4d和7～10d后各自计算其菌落数，观察菌落形态颜色。④计算每立方米空气中微生物的数量。奥梅梁斯基定义：面积为100cm^{2}的平板培养基，暴露在空气中5min相当于10L空气中的细菌数。计算公式如下：

$$X=\frac{N\times 100\times 100}{\pi r^2} \tag{4-1}$$

式中：X为1m^{3}空气中的细菌数；N为培养皿上的平均菌落数；r为培养皿半径。

（2）充气采样法。①将四个细菌培养基平板和采样仪器带到受试环境，开启采样仪，调好空气流量，根据流量确定采样时间，关上电源。②将细菌培养基平板放入采样器中，调好采样时间后立即接通电源。采集一定时间后，取出培养皿，并立即盖好皿盖。③将平板倒置放于培养箱内37℃培养1d，观察计数培养皿中的菌落数。④根据下式计算1m^{3}空气中细菌数X。

$$X=\frac{N\times 1000}{L} \tag{4-2}$$

式中：L为采集的空气体积（L）。

四、结果与讨论

（1）根据培养皿上菌落数与培养皿内土壤悬液的稀释倍数计算每克土壤中微生物的数量。

（2）根据沉降法，记录空气中微生物的种类和相对数量，填写表4-3；根据充气法，推算出1m^{3}空气中的细菌数。

表4-3　空气中微生物的种类和数量

环境	菌落数	细菌	霉菌	放线菌
室外	5min			
	10min			
室内	5min			
	10min			

（3）选择刚好能把细菌分开，而稀释倍数最低的平板（一般含菌落30～300个），计算每克土样中微生物的数量N（个·克$^{-1}$），填写表4-4。

$$N=\frac{\text{平均菌落数}\times\text{稀释倍数}}{1-\text{土壤含水率}}$$

表 4-4 土壤中菌落情况

菌落名称	菌落特征					
	生长形状	菌落光泽	表面光泽	与培养基结合程度	培养温度	培养时间
细菌						
放线菌						
霉菌						

(4)用稀释法进行微生物计数时，怎样保证准确并防止污染？

(5)为什么在霉菌计数时加入数滴80%的乳酸？加在什么地方？

(6)为什么在放线菌计数时要加入5%的酚？加在什么地方？

(7)试比较两种空气微生物检测方法的优点和缺点。

实验 4.5 酚降解菌的分离及其性能的测定

在工业废水的生物处理中，对污染成分单一的有毒废水常可选育特定的高效菌种进行处理。这些高效菌种具有处理效率高、耐受毒性强等优点。本实验通过筛选分离酚降解菌，来掌握特定高效菌种的常规分离方法。

筛选所得高效酚降解菌除了具有较强的降解酚能力外，还必须能形成菌胶团，才能在活性污泥的生物膜中保存下来。

一、实验材料

1. 培养基

培养基有营养肉汤液体培养基、营养肉汤琼脂培养基、尿素培养基、蛋白胨培养基。

2. 其他材料

其他材料有含酚废水下水道的污泥、沉渣等。

二、实验步骤

1. 采样

为了获得酚分解能力较强的菌种，可在高浓度含酚废水流经的场所采样，如排放含酚废水下水道的污泥、沉渣等，在这些地方分离得到的菌株往往降解酚能力较强。为了获得既能降解酚，又有良好的形成菌胶团能力的菌株，也可在处理含酚废水的构筑物中取活性污泥或生物膜进行分离。

2. 单菌株分离

(1)将上述采得的样品分别置于装有玻璃珠及石英砂的250mL无菌锥形瓶中,在摇床上振荡片刻,使样品分散、细化。

(2)分别以稀释平板法和划线分离法在营养肉汤琼脂平板上对样品进行分离。为了减少无关杂菌的生长,可在培养基内添加少量酚液,方法为:在无菌培养皿中加入数滴浓酚液,再将加热溶化并冷却至48℃左右的营养肉汤琼脂培养基倾入培养皿内,使培养基内最终酚浓度为50mg·L^{-1}左右,然后做画线分离或稀释分离。

(3)倒置培养皿,在28℃下培养48h和72h,分别挑取单菌落,接入营养肉汤琼脂斜面上,28℃培养48h。

(4)将斜面培养物再次在营养肉汤琼脂平板上做画线分离,培养后长出单菌落证明无杂菌后,接入斜面,培养后置于冰箱中待测。

3. 酚降解能力的测定

(1)将菌株在营养肉汤液体培养基中振荡培养至对数生长期(28℃温度下16~28h)。

(2)在培养物中加入少量浓酚液,使培养液内酚浓度达到10mg·L^{-1}左右,进行酚分解酶的诱发。

(3)继续振荡培养2h后再次加入浓酚液,使培养液酚浓度提高到50mg·L^{-1}左右,继续振荡培养4h。

(4)用4-氨基安替比林比色法测定培养液中残留酚的浓度,并算出酚的去除率。4-氨基安替比林比色法具体操作如下。

在含有$NH_3 \cdot H_2O$-NH_4Cl缓冲溶液的培养液中苯酚可游离出来,苯酚与4-氨基安替比林发生缩合反应,在氧化剂铁氰化钾的作用下,酚被氧化生成醌,与4-氨基安替比林螯合而显色(注意测定中不能颠倒加试剂的顺序)。

取适量培养液(含酚量大于10mg)于50mL锥形瓶中,同时分别吸取酚标准液(含酚0.01mg·mL^{-1})0.0mL、0.5mL、1.0mL、2.0mL、3.0mL、4.0mL、5.0mL于不同型号的各锥形瓶中,用蒸馏水稀释至50mL。然后向标准酚溶液和稀释液中各加入0.25mL 20%的$NH_3 \cdot H_2O$-NH_4Cl缓冲液、0.5mL 2%的4-氨基安替比林溶液、0.5mL 8%铁氰化钾溶液,每次加入试剂后需均匀混合,放置15min后在510nm处比色测定OD值。作苯酚标准曲线,从苯酚标准试验图中查出培养液中苯酚的含量。

$$苯酚含量(g \cdot L^{-1}) = \frac{V_1 \times 1000}{V} \tag{4-3}$$

式中:V_1为相当于标准酚溶液中的酚量(mg);V为培养液体积(L)。

4. 菌胶团形成能力试验

(1)将已筛选分离的酚降解能力较强的斜面菌株,分别接种在盛有50mL灭菌的尿素培养基和蛋白胨培养基的容量为250mL的锥形瓶内。

(2)28℃摇床上震荡培养12～16h,凡能形成菌胶团的菌株,培养物形成絮状颗粒,静置后沉于瓶底,液体澄清。

凡酚降解能力较强且又能形成菌胶团的菌株即为入选菌株,经扩大培养后即可供生产使用。

三、思考题

(1)将所分离到菌株的酚降解能力和形成菌胶团的能力列表记录,并说明其中哪些菌株性能最佳。

(2)要分离形成菌胶团能力强的菌种,应在何处取样最为妥当?

(3)用什么方法可以获得纯菌种?

实验4.6 阿特拉津降解菌的分离筛选及其降解特性测定

阿特拉津又名莠去津(atrazine),化学名称为2-氯-4-乙胺基-6-异丙氨基-1,3,5-三嗪,是选择性内吸传导型苗前、苗后除草剂,用于玉米、高粱、甘蔗、果树、林地等,可防除一年生禾本科杂草和阔叶杂草,对某些多年生杂草叶有一定的抑制作用。阿特拉津虽然是一种低毒除草剂,但在土壤中具有中等持留性,其半衰期长达4～57周并具有生物活性,容易对某些后茬敏感的作物造成危害。同时,对粮食和食品安全构成潜在的威胁。阿特拉津在土壤和水体中的分解既有化学降解过程,也有生物降解过程,但以生物降解为主。本实验通过分离筛选阿特拉津降解菌,熟悉、掌握降解菌种的常规分离筛选方法,并学会测定其降解特性。

一、实验材料

1. 供试土样

供试土样为施用过阿特拉津的农田土和菜地土。

2. 贮备液

贮备液为98%的阿特拉津原药,用无水乙醇配制100mg·mL^{-1}的阿特拉津贮备液。

3. 培养基

(1)富集培养液(g·L^{-1})。K_2HPO_4 1.6g,KH_2PO_4 0.4g,$MgSO_4 \cdot 7H_2O$ 0.2g,NaCl 0.1g,蔗糖3.0g,酵母膏1.0g,阿特拉津0.1g。

(2)分离培养基。LB培养基(g·L^{-1}):酵母粉5.0g,蛋白胨10.0g,NaCl 10.0g,琼脂粉16.0g,蒸馏水定容至1L,pH值为7.0。阿特拉津降解培养液(g·L^{-1}):K_2HPO_4 1.79g,KH_2PO_4 0.45g,$MgSO_4 \cdot 7H_2O$ 0.2g,NaCl 0.4g,$CaCl_2 \cdot 2H_2O$ 0.02g,阿特拉津0.2g,蒸馏水定容至1L。

①分离培养基 A(含碳氮源)($g \cdot L^{-1}$):K_2HPO_4 1.6g,KH_2PO_4 0.4g,$MgSO_4 \cdot 7H_2O$ 0.2g,NaCl 0.1g,蔗糖 1.6g,酵母膏 0.5g,阿特拉津 0.2g,琼脂粉 12g。

②分离培养基 B(含碳源)($g \cdot L^{-1}$):K_2HPO_4 1.6g,KH_2PO_4 0.4g,$MgSO_4 \cdot 7H_2O$ 0.2g,NaCl 0.1g,蔗糖 1.6g,阿特拉津 0.2g,琼脂粉 12g。

③分离培养基 C(AT 作为唯一碳氮源)($g \cdot L^{-1}$):K_2HPO_4 1.6g,KH_2PO_4 0.4g,$MgSO_4$ 0.2g,NaCl 0.1g,阿特拉津 0.2g,琼脂粉 12g。

(3)斜面保存培养基($g \cdot L^{-1}$)。同分离培养基 A。

二、实验步骤

1. 土壤样品的富集

称取 5.0g 土壤样品置于 100mL 富集培养液中,28℃振荡(150r/min)培养 3d。3d 后吸取 5mL 富集培养液转接至新鲜富集培养液中,相同条件继续培养。如此连续富集培养 3 次。

2. 菌种的分离与保存

将富集培养液系列稀释至 10^{-7}后,吸取 10^{-7}稀释液于分离培养基 A、B、C 平板上滴加 1 滴涂匀,28℃培养 3d。待平板上长出单菌落后,从分离培养基 C 平板(阿特拉津作为唯一碳氮源)上挑取单菌落,用 10mL 无菌水制成菌悬液后,用涂布平板法再次纯化。纯化后挑取单菌落接种于斜面培养基上,28℃继续培养,待长出菌苔后,于 4℃冰箱保存备用。

3. 菌悬液的制备

将 4℃冰箱保存菌株取一环接种于培养基斜面上,28℃活化 18～24h。菌株活化后,取一环至 10mL 无菌水中,制成菌悬液。调节菌体浓度,使其 OD_{600}在 1.0 左右。

4. 阿特拉津高效降解菌的筛选

吸取 5mL 菌悬液接入 100mL 阿特拉津降解培养液中,摇匀后立即取样,测定阿特拉津含量及菌体浓度(OD_{600})。以不接菌(5mL 无菌水)的降解培养液作为对照,各处理设 3 个重复组。28℃150r/min 摇床培养 7d,每天取样,测定残留阿特拉津含量及菌体浓度,计算阿特拉津降解率。根据菌株降解能力的大小确定高效降解菌株。

$$降解率(\%)=\frac{初始阿特拉津浓度-残留阿特拉津浓度}{初始阿特拉津浓度}\times 100\% \tag{4-4}$$

5. 阿特拉津高效降解菌的降解特性研究

(1)pH 值对降解菌生长和阿特拉津降解的影响。用 1% HCl 和 1% NaOH,将上述阿特拉津降解培养液的初始 pH 值分别调至 4、5、6、7、8、9、10。接种菌悬液 5mL,以不接菌(5%无菌水)的降解培养液作为对照,各处理设 3 个重复组。置 28℃下 150r/min 摇床培养 4d,每天取样并用紫外分光光度法测定残留阿特拉津浓度,计算降解率并测定菌体浓度(OD_{600})。

(2)装液量对降解菌生长和阿特拉津降解的影响。250mL 三角瓶中，分别加入 30mL、50mL、80mL、120mL、150mL 上述阿特拉津降解培养液，按 5%接种量接入菌悬液，以不接菌(5%无菌水)的降解培养液作为对照。

(3)阿特拉津浓度对降解菌生长和阿特拉津降解的影响。上述阿特拉津降解培养液中阿特拉津添加量依次为 50mg·L^{-1}、100mg·L^{-1}、200mg·L^{-1}、400mg·L^{-1}和 600mg·L^{-1}，接种、培养及测定方法同上。

三、思考题

(1)将所分离到菌株的阿特拉津降解能力列表记录，并说明其中哪些菌株性能最佳。

(2)说明阿特拉津降解菌的降解特性，并简述哪些因素对其产生关键影响。

实验 4.7 2,4-D 降解菌的分离筛选及其降解特性测定

2,4-二氯苯氧乙酸(2,4-D)曾经是应用最广泛的农药之一，被用作除草剂和植物生长调节剂。而在农药使用过程中，大量的 2,4-D 残留将进入农作物及土壤，导致土壤环境质量下降，对农产品质量安全造成潜在的威胁。许多科学家尝试利用土壤微生物对污染物进行降解，并且通过生物技术方法对具有降解污染物潜能的微生物进行基因改造，以便提高对环境中污染物的降解能力。

本实验从不同土壤样品中富集纯化能够在含较高浓度 2,4-D 的培养基中生长的细菌，通过比较不同菌株的降解率复筛出高效降解菌，测定其在不同 2,4-D 浓度、温度、pH 条件下的生长情况，以了解 2,4-D 生物降解技术。

一、实验材料

1. 供试土壤

供试土壤为农田和菜地土壤。采样时去除 0～2cm 表层，在 2～15cm 之间取样，鲜样用塑料袋密封，带回实验室置于 4℃冰箱冷藏保存。

2. 培养基

(1)无机盐基础培养液。$MgSO_4 \cdot 7H_2O$ 0.2g，$CaCl_2 \cdot 2H_2O$ 0.03g，$FeSO_4 \cdot 7H_2O$ 0.01g，KH_2PO_4 0.4g，Na_2HPO_4 0.6g，$MnSO_4 \cdot 4H_2O$ 0.02g，NH_4NO_3 1.0g，蒸馏水 1L。调节 pH 值为 7.0。

(2)富集培养液。富集培养液Ⅰ：在无机盐基础培养液中添加 0.5g·L^{-1}葡萄糖。富集培养液Ⅱ：在无机盐基础培养液中添加 0.2g·L^{-1}葡萄糖和 0.3g·L^{-1} 2,4-D。富集培养液Ⅲ：在无机盐基础培养液中添加 0.5g·L^{-1} 2,4-D。牛肉膏蛋白胨培养基用作细菌的保存、活化。

(3)2,4-D 无机盐培养基。在无机盐基础培养液中加入琼脂粉 18g，分别配制成 2,4-D 浓

度为 0g・L^{-1}、1.4g・L^{-1}和 3.0g・L^{-1}的培养基,用作筛选能够利用 2,4-D 的菌株。

二、实验步骤

1. 菌株的富集纯化

向分别盛有 50mL 富集培养液Ⅰ、Ⅱ和Ⅲ的三角瓶中加入 1g 土样,各重复 3 次。在 30℃及 180r/min 的恒温摇床中培养 72h。分别吸取 5mL 上清液转接至无机盐基础培养液中,继续驯化培养 72h,反复 3 次转接培养。

吸取 0.1mL 各富集培养液涂布于不同浓度的 2,4-D 无机盐培养基平板上,30℃培养,挑取长势良好的菌落,平板画线纯化为单菌落,经反复画线纯化,不同单菌落保存至牛肉膏蛋白胨琼脂培养基上。制备平板培养基时,2,4-D 浓度为 1.4g・L^{-1}和 3.0g・L^{-1}的培养基灭菌前用 NaOH 调节 pH 值至 7.0。

2. 菌株生长特性测定

吸取活化 18h 的菌液 0.1mL 接入装有牛肉膏蛋白胨培养液的三角瓶中,设 3 个重复,30℃、180r/min 振荡培养。不接种的牛肉膏蛋白胨培养液三角瓶作为对照。分别培养 0h、1.5h、3h、4h、6h、8h、10h、12h、14h 和 24h 后取出,在分光光度计上测定 460nm 处各菌株的吸光度(A)。

3. 2,4-D 标准曲线的绘制

培养基中 2,4-D 浓度的定量测定采用紫外分光光度法。根据相关报道,2,4-D 在 283nm 处具有特征吸收峰。因此,配制浓度为 20mg・L 的 2,4-D 溶液,用 UV1102 型分光光度计扫描 250～300nm 波长范围的吸收值,绘制 2,4-D 吸收曲线,验证其特征吸收波长,为2,4-D 浓度测定方法提供依据。

分别用乙醇和无机盐基础培养液作溶剂,配制浓度为 0mg・L^{-1}、10.0mg・L^{-1}、20.0mg・L^{-1}、30.0mg・L^{-1}、40.0mg・L^{-1}和 50.0mg・L^{-1}的 2,4-D 标准溶液,在特征吸收波长下测定不同浓度标准溶液的吸光度(A),以 2,4-D 标准溶液浓度为横坐标,吸光度值为纵坐标,绘制标准曲线。

4. 2,4-D 降解率计算

将富集纯化所得优势降解菌株活化培养 18h 后制成菌悬液,分别接种至 100mL 添加 0.5g・L^{-1} 2,4-D 的无机盐基础培养液中,各处理设 3 个重复,30℃、180r/min 培养,分别在摇床恒温培养的 0h 和 12h 取样,3800r/min 离心 20min,取上清液,稀释 10 倍,选择 283nm 处测定其吸光度(A),无机盐基础培养液作为比色调零。根据标准曲线的拟合方程计算培养基中 2,4-D 浓度,通过降解率的比较,复筛出降解力较强的菌株。2,4-D 降解率计算公式如下:

$$(\text{降解率})\% = \frac{C_{t0} - C_{t12}}{C_{t0}} \times 100\% \tag{4-5}$$

式中：C_{t0}为恒温培养0h时测得的2，4-D浓度（mg/L）；C_{t12}为恒温培养12h时测得的2，4-D浓度（mg/L）。

5.菌株降解特性试验

（1）不同浓度2，4-D对降解率的影响。于100mL无机盐基础培养液中分别加入0.14g·L^{-1}、0.50g·L^{-1}、1.40g·L^{-1}和3.00g·L^{-1}的2，4-D，其余操作同2，4-D降解率计算。

（2）不同温度对菌株生长的影响。于100mL添加0.5g·L^{-1}2，4-D的无机盐基础培养液中接种1%活化18h的菌悬液，分别在25℃、30℃、35℃、40℃和45℃，180r/min的条件下振荡培养，每个温度设3个重复，培养12h，测定460nm处的吸光度（A）。

（3）不同pH值对菌株生长的影响。于100mL添加0.5g·L^{-1} 2，4-D的无机盐基础培养液中接种1%活化18h的菌悬液，置于不同pH值（3.0、4.0、5.0、6.0、7.0、8.0、9.0）下，每个pH值设3个重复，30℃、180r/min振荡培养12h，460nm处测吸光度（A）。

三、思考题

（1）将所分离到菌株的2，4-D降解能力列表记录，并说明其中哪些菌株性能最佳。

（2）说明2，4-D降解菌的降解特性，以及哪些因素对其产生关键影响。

（3）学习总结菌株筛选方法。

实验4.8　种子发芽毒性实验

植物种子在适宜的条件（水分、温度和氧气等）下，吸水膨胀萌发，在各种酶的催化作用下，发生一系列的生理、生化反应。但是，当有污染物存在时，污染物会抑制一些酶的活性，从而使种子萌发受到影响，破坏发芽过程，因此，通过测定种子发芽情况，如小麦、黑麦等种子的发芽势和发芽率，就可以预测和评价环境污染物对植物的潜在毒性和生物有效性。本实验在一定温度、湿度和光照条件下，用滤纸作发芽床，分别在第3天和第7天测定发芽势和发芽率。

一、实验材料

选择发育正常、无霉、无蛀、完整且没有任何损坏的小麦种子或其他种子，品种不限，但是要求所取样品具有代表性。

二、实验前的准备工作

（1）培养皿用洗液或洗衣粉刷洗干净，除去表面污物，然后用自来水冲洗干净，晾干备用，在皿盖侧面贴上标签，注明浓度、序号及使用人。

（2）配制污染物梯度浓度溶液（低、中、高）。每种浓度试液设2个平行实验，以无离子水为对照组。

三、实验步骤

(1)在培养皿(直径 9cm)内放入等径滤纸两张作发芽床。发芽床的湿润程度对发芽有很大影响,水分过多妨碍空气进入种子,水分不足会使发芽床变干,这两种情况都会影响发芽过程,使实验结果不准确。在发芽床上加入 10mL 试液,加入时避免滤纸下面产生气泡。然后用镊子调整种子,使它的腹沟(种子腹面凹陷处为腹沟)朝下,整齐地排列在发芽床上,粒与粒之间的距离要均匀,避免相互接触,以防发霉种子感染健康种子。每个发芽床上摆放 100 粒小麦种子,盖上培养皿盖。置于 20~25℃保温箱中或常温下室内进行培养。为了保证种子发芽条件适宜,在发芽期需每天观察发芽情况及发芽床的湿润情况,必要时适当补充水分。

(2)发芽势与发芽率的测定,不同植物种子有所不同,通常每日观察,分两期进行测定统计,第一期内发芽种子数量为种子的发芽势,第二期内发芽种子数量为发芽率。小麦种子的发芽势测定在第 3 天,发芽率测定在第 7 天。

(3)种子发芽后应具备的特征:小麦等禾谷类作物,在正常发育的幼根中,其主根长度不短于种子长度,幼芽长度不短于种子长度的 1/2 者,为具有发芽能力的种子,以此标准进行观察、计数。

(4)发芽势与发芽率的计算,分别于第 3 天和第 7 天测定记录小麦种子的发芽情况,感染霉菌的种子要及时除去。

$$\text{发芽势}(\%)=\frac{\text{规定天数内已发芽的种子粒数}}{\text{供作发芽的种子总粒数}}\times 100\% \tag{4-6}$$

$$\text{发芽率}(\%)=\frac{\text{全部发芽的种子粒数}}{\text{供作发芽种子的总粒数}}\times 100\% \tag{4-7}$$

四、思考题

(1)请在结果报告中说明种子名称、来源,每种浓度处理的种子数,培养条件,污染物的每种浓度处理组和对照组的发芽率和发芽势的平均值。

(2)本实验结果说明了什么?是否还需要进一步做实验证实?

(3)影响小麦种子发芽的主要因素是什么?试从植物种子发芽生理角度进行分析。

实验 4.9　藻类急性毒性实验

藻类是最简单的光合营养有机体,种类繁多,分布很广,是水生生态系统的初级生产者。藻类生长因子包括光照、CO_2、适宜的温度、pH 值及 N、P、微量元素等其他营养成分,这些因子的变化会刺激或抑制藻类的生长。在一定环境条件下,如果某种有毒有害的化学物质及其复合污染物进入水体,藻类的生命活动就会受到影响,生物量就会发生改变。因此,通过测定藻类的数量和叶绿素 a 的变化,就可以评价有毒有害污染物对藻类生长的影响及对整个水生生态系统的综合环境效应。本实验以培养一定时间的单一藻或混合藻为对照,在完全相同的培养条件下，在加入一定浓度某有毒有害污染物后，定时、定点取样，直接测定水中的藻浓度(个·mL^{-1})及叶绿素a含量的变化。藻浓度用血球计数板计数法，叶绿素a的测定用分光光度法。

一、实验材料

可采用蛋白核小球藻(*Chlorella pyrenoidosa*)、铜绿微囊藻(*Microcystis aeruginosa*)、水华鱼腥藻(*Anabaena flosaguas*)、小环藻(*Cyclotella* sp.)、菱形藻(*Nitzschia* sp.)、羊角月牙藻(*Selenastrum capricornutum*)、小球藻(*Chlorella vulgaris*)、斜生栅藻(*Scenedesmus obliquus*)等作为实验藻种，也可以直接用某自然水体的混合藻为实验材料。

二、实验步骤

1. 藻种预培养

将所得到的实验藻种移种至盛有培养基的三角瓶中，在实验所设温度和光强(同正式实验)下，通气或在三角瓶内保留足够空间培养，隔96h移种1次，反复2～3次，使藻种生长达到同步生长阶段，以此作为实验藻种。每次移种均需进行显微镜观察，检查藻生长情况和是否保持纯种。

2. 预备实验

预备实验的目的在于探明污染物对藻生长影响的半数有效浓度(EC_{50})的范围，为正式实验打下基础，其处理浓度的间距可大一些，以便找到EC_{50}值所在的浓度范围。预备实验的方法与培养条件均同正式实验。

3. 正式实验

(1)培养容器及容器的清洗。一般要求选用质量好的硼硅酸玻璃容器，如果是研究痕量元素的影响，则应选用特殊的硬质玻璃容器(Pyrex)。在同一批实验中，应自始至终使用一种类型的玻璃容器，以便比较实验结果。通常选用三角瓶作为培养容器，瓶口覆盖灭菌纱布(2～3层)。

(2)实验浓度的选择。根据预备试验的结果，设计等对数间距5～7个污染物浓度，其中必须包括1个能引起实验藻的生长率下降约50%的浓度，并在此浓度上下至少各设2个浓度，另设1个不含污染物的空白对照。各浓度组均设2个平行样。

(3)培养液的制备。将储存母液混合、稀释，按一定体积分装在各个三角瓶中经121℃高压灭菌20min，或经0.45μm滤膜过滤除菌。由于限制CO_2交换的是介质的表面积与体积之比，在分装培养液时必须预留一定空间。通常所留空间与液体表面之比是：40mL液体/125mL三角瓶；60mL液体/250mL三角瓶；100mL液体/500mL三角瓶，并且液体体积＝培养基体积＋污染溶液体积＋藻种液体体积。吸取一定体积母液加到灭菌后的培养液中，摇匀，制成所需浓度。

要点：实验用玻璃器皿一般不用重铬酸钾等洗液洗涤，以防其他重金属离子影响实验结果；由于光照、通气条件对藻类生长影响甚大，各组实验条件必须一致；培养基配制时，可根据不同的实验藻种选择合适的培养基。

Bold Basal 培养基，适用于蓝藻、绿藻。

①常量元素 $10mL\cdot(940mL)^{-1}$。$NaNO_3$ $10g\cdot(400mL)^{-1}$、$CaCl_2\cdot 2H_2O$ $1g\cdot(400mL)^{-1}$、$MgSO_4\cdot 7H_2O$ $3g\cdot(400mL)^{-1}$、K_2HPO_4 $3g\cdot(400mL)^{-1}$、KH_2PO_4 $7g\cdot(400mL)^{-1}$、NaCl $1g\cdot(400mL)^{-1}$。

②乙二胺四乙酸(EDTA)$1mL\cdot L^{-1}$。乙二胺四乙酸(EDTA)$50g\cdot L^{-1}$、KOH $31g\cdot L^{-1}$。

③铁 $1mL\cdot L^{-1}$。$FeSO_4\cdot 7H_2O$ $4.98g\cdot L^{-1}$、H_2SO_4 $1.0mL\cdot L^{-1}$。

④硼 $1mL\cdot L^{-1}$。H_3BO_3 $11.42g\cdot L^{-1}$。

⑤微量元素 $1mL\cdot L^{-1}$。$ZnSO_4\cdot 7H_2O$ $8.82g\cdot L^{-1}$、$MnCl_2\cdot 4H_2O$ $1.44g\cdot L^{-1}$、MoO_3 $0.71g\cdot L^{-1}$、$CuSO_4\cdot 5H_2O$ $1.57g\cdot L^{-1}$、$Co(NO_3)_2\cdot 6H_2O$ $0.49g\cdot L^{-1}$。

BBM 培养液 pH 值为 6.6。

"水生硅 1"培养基，适合于硅藻。配方如下：NH_4NO_3 $120mg\cdot L^{-1}$、$MgSO_4$ $70mg\cdot L^{-1}$、K_2HPO_4 $40mg\cdot L^{-1}$、KH_2PO_4 $80mg\cdot L^{-1}$、$CaCl_2$ $20mg\cdot L^{-1}$、NaCl $10mg\cdot L^{-1}$、Na_2SiO_3 $100mg\cdot L^{-1}$、柠檬酸铁($FeC_6H_5O_7$)$5mg\cdot L^{-1}$、$MnSO_4\cdot 4H_2O$ $2mg\cdot L^{-1}$、土壤浸出液 $20mg\cdot L^{-1}$。

"水生硅 1"培养液 pH 值为 7.0。

土壤浸出液是用田园土与水按 1∶1(质量比)混合，充分摇匀，静置澄清 24h，取上清液过滤，去除所有未能自然沉降的胶状物，过滤液经 121℃高压灭菌 20min，储存备用，使用期一年。

一般先将各种试剂按配方要求先配成母液储存，用时按比例各吸取一定的量混合后稀释到所需体积，制成标准培养液。用 pH 计或精密 pH 纸检验培养液酸碱度。培养液需经 121℃灭菌 20min 后方可使用，以防杂藻及细菌大量生长。

(4)接种培养。将达到同步生长的藻种培养液充分摇匀，吸取一定体积加至各组培养液中。一般初始藻种浓度可采用$(1\sim5)\times10^6$个$\cdot mL^{-1}$，接种量控制在 10%～20%。

(5)培养条件。蓝藻和硅藻，在(24 ± 2)℃，白色荧光灯光照下培养，光强(2000 ± 200)lx；绿藻在同样的温度下，(4000 ± 400)lx 的条件下培养。培养容器可置摇床振荡(110r/min)，也可人工充入含 CO_2 3%的空气，以便空气交换。光暗比为 14h∶10h 或 12h∶12h。

(6)生长测定。在藻类毒性实验中，应定时取样测定藻类的生长情况，一般为 24h 或 48h 取样一次。在 96h 取样测定污染物对藻类生长影响的 ES_{50} 值，即与对照相比，生长率下降 50%的污染物浓度。确定藻类生长的指标较多，因而在设计藻类急性毒性实验时，必须考虑所有相关的环境因素，根据实验目的和实际条件选择测试指标。常用的测试指标如下。①吸光度(A)的测定。用分光光度计，使用 1cm 比色皿在波长 600～750nm 处直接测定藻液的吸光度。②细胞数的测定。在显微镜下用血球计数板或 0.1mL 计数框直接计数。如果是丝状藻类，则先用超速搅拌器或超声波处理使丝状藻体团分散后，再进行显微计数。同一样品计数两次，计数结果之差如果大于 15%，则需计数 3 次。③叶绿素 a 含量测定。取一定体积的藻液，3000 转离心 10min，将沉出物拌入少量碳酸镁，匀浆，95%乙醇（或 80%丙酮）萃取，4 放置 2～4h 后，4000 转离心 10min，取上清液，用分光光度计在波长 665nm 和 649nm 处分别测定吸光度。以体积分数 95%乙醇作为空白。

要点：

（1）提取液的 A_{665} 要求在 1.0～0.2 之间，若 A_{665} 小于 0.2，应增加取水样量；若 A_{665} 大于 1.0，则可稀释提取液或减少取水样量。

（2）光对叶绿素有破坏作用，实验操作应在弱光下进行，且匀浆时间尽量短。

（3）色素提取液若混有其他物质而造成浑浊，将影响吸光度的测定，应重新过滤或离心。95%乙醇提取叶绿素 a，浓度 C_a 的计算公式（经验公式）如下（不同提取溶剂采用不同经验公式）。

$$C_a = 1395A_{665} - 6.88A_{649} \tag{4-8}$$

再根据所取藻液的体积求出藻液叶绿素 a 的含量（$mg \cdot L^{-1}$）。

（4）称量细胞干重的方法是用过滤技术滤去水分后，高温烘干或灰化后称量藻的干重或灰分重。一般说来，同一实验最好选用两种测试指标，以利于实验结果的分析与比较。藻细胞计数和吸光度测定因操作简便，重复性好，不需昂贵仪器，应用最为普遍，是藻类急性毒性实验中最主要的测试指标。

三、结果与讨论

（1）按表 4-5 记录实验数据。

表 4-5　实验数据记录表

日期：

<table>
<tr><td colspan="8">实验藻种名称：</td><td colspan="7">藻种编号：</td></tr>
<tr><td colspan="8">标准培养基：</td><td colspan="7">被试毒物：</td></tr>
<tr><td colspan="2" rowspan="4">条件试验</td><td colspan="6">控温：　　℃±　　℃</td><td colspan="2" rowspan="4">初始测定</td><td colspan="5">pH 值：</td></tr>
<tr><td colspan="6">光强：</td><td colspan="5">藻细胞数：　　个·mL⁻¹</td></tr>
<tr><td colspan="6">光暗：</td><td colspan="5">光强度：</td></tr>
<tr><td colspan="6">通气情况：</td><td colspan="5">叶绿素 a：</td></tr>
<tr><td colspan="3">处理</td><td colspan="3">24h</td><td colspan="3">48h</td><td colspan="3">72h</td><td colspan="3">96h</td></tr>
<tr><td>组别</td><td>瓶号</td><td>浓度</td><td>细胞数</td><td>C_a</td><td>A</td><td>细胞数</td><td>C_a</td><td>A</td><td>细胞数</td><td>C_a</td><td>A</td><td>细胞数</td><td>C_a</td><td>A</td></tr>
<tr><td rowspan="3">对照</td><td colspan="2">1</td><td></td><td></td><td></td><td></td><td></td><td></td><td></td><td></td><td></td><td></td><td></td><td></td></tr>
<tr><td colspan="2">2</td><td></td><td></td><td></td><td></td><td></td><td></td><td></td><td></td><td></td><td></td><td></td><td></td></tr>
<tr><td colspan="2">3</td><td></td><td></td><td></td><td></td><td></td><td></td><td></td><td></td><td></td><td></td><td></td><td></td></tr>
<tr><td rowspan="3">处理Ⅰ</td><td colspan="2">4</td><td></td><td></td><td></td><td></td><td></td><td></td><td></td><td></td><td></td><td></td><td></td><td></td></tr>
<tr><td colspan="2">5</td><td></td><td></td><td></td><td></td><td></td><td></td><td></td><td></td><td></td><td></td><td></td><td></td></tr>
<tr><td colspan="2">6</td><td></td><td></td><td></td><td></td><td></td><td></td><td></td><td></td><td></td><td></td><td></td><td></td></tr>
</table>

续表 4-5

处理			24h			48h			72h			96h		
组别	瓶号	浓度	细胞数	Ca	*A*	细胞数	Ca	*A*	细胞数	Ca	*A*	细胞数	Ca	*A*
处理Ⅱ	7													
	8													
	9													
处理Ⅲ	10													
	11													
	12													
处理Ⅳ	13													
	14													
	15													
处理Ⅴ	16													
	17													
	18													

(2)按下法求出 96h EC_{50} 值。各组设 2 个平行样，取其平均值，在半对数坐标纸上，以实验浓度为纵坐标，以 $\frac{V_{空白}-V_{n}}{V_{空白}}$ 为横坐标，用内差法求出使藻生长下降 50％的污染物浓度，即为 EC_{50}。

(3)为什么各实验组要设 2 个平行样？为什么污染物浓度设计要采用等对数间距的 5～7 个浓度？

(4)为什么可以用藻类叶绿素 a 的含量来表征藻的生物量？

实验 4.10 重金属在植物体内的残留

一、实验目的和要求

(1)掌握植株体内铜、锌、铬累积量的测定方法。

(2)通过对小麦体内重金属含量的测定，分析重金属对小麦生长的影响，为重金属的毒害阈值研究奠定基础。

二、基本原理

通过湿法或干法消解，将植株里的重金属释放出来，利用原子吸收光谱(AAS)法测定消解液中的铜、锌含量，用二苯碳酰二肼比色法测定铬含量。植物的不同组织部位重金属的累积量不同。

三、实验材料

1. 供试样品

供试样品为小麦的根与茎叶。

2. 仪器与玻璃器皿

仪器与玻璃器皿包括火焰原子吸收分光光度计、消煮管（4个）、50mL容量瓶（4个）、烧杯、滴管、移液管、吸耳球、烘箱、天平、研钵、漏斗。

3. 标准溶液与试剂

(1)$100\mu g \cdot mL^{-1}$ Cu标准贮备溶液。溶解纯铜（光谱纯）0.100 0g于50mL的1∶1 HNO_3溶液中，用去离子水稀释定容至1L。

(2)$10\mu g \cdot mL^{-1}$ Cu标准使用溶液。将$100\mu g \cdot mL^{-1}$ Cu标准液用去离子水稀释10倍即可。

(3)浓硝酸。

(4)硝酸-高氯酸(HNO_3-$HClO_4$)混酸。

(5)蒸馏水。

(6)$100\mu g \cdot mL^{-1}$ Zn标准贮备溶液。溶解纯锌（光谱纯）0.100 0g于50mL的1∶1 HNO_3溶液中，用去离子水稀释定容至1L。

(7)$10\mu g \cdot mL^{-1}$ Zn标准使用溶液。将$100\mu g \cdot mL^{-1}$ Zn标准液用去离子水稀释10倍即可。

(8)铬标准贮备溶液($100mg \cdot L^{-1}$)。称取于110℃干燥2h的重铬酸钾($0.282\ 9 \pm 0.000\ 1$)g，用水溶解后，移入1000mL容量瓶中，用水稀释至标线，摇匀。

(9)铬标准使用溶液($1.00mg \cdot L^{-1}$和$5.0mg \cdot L^{-1}$)：取适量铬标准贮备液用去离子水稀释而成。

(10)显色剂(Ⅰ)：称取二苯碳酰二肼0.2g溶于50mL丙酮溶液中，加水稀释至100mL，摇匀，贮于棕色瓶中，置冰箱内保存。若颜色变深，则不能使用。

四、实验步骤

1. 样品预处理

(1)湿法消解。①将采集的样品分类放入烘箱中，105℃下烘30min后，在研钵中研细。②称取0.500 0g研磨粉置于100mL消煮管中，加入少量石英砂，加入HNO_3 10mL，200℃下加热消解30min。③冷却后，加入HNO_3-$HClO_4$混酸10mL，继续加热至冒白烟，再加热至酸蒸发完。④冷却后，用$0.1mol \cdot L^{-1}$ HNO_3洗入50mL容量瓶中，定容至刻度。

(2)干灰化法。①按平均取样法称取待测小麦叶片或根系样品5～10g,先用流动水冲洗叶片表面污物,再用去离子水冲洗2～3次。用吸水纸吸干表面水分,精确称取5g左右待用。②将干净的小麦叶片或根系样品剪成1cm长的小段,直接放入50mL瓷坩埚内,在低温电炉上碳化1～2h。③将瓷坩埚转入马弗炉,升温至200℃继续碳化30min(至无烟外溢)。然后每升温100℃停0.5h,逐步升温至600℃,4～5h即可灰化完毕,得白色灰。④样品冷却至室温,在坩埚内加入质量分数为10%的HNO_3 5～10mL,置于低温电炉上消化提取,使坩埚内HNO_3体积减至0.5mL左右。⑤冷却后用质量分数为1%的HNO_3将坩埚内样品无损转入25mL容量瓶内,并定容至刻度。

2. 样品的测定

(1)用AAS测定各处理液中铜、锌的含量($\lambda_{Cu}=324.7nm$,$\lambda_{Zn}=213.9nm$,Cu、Zn波长不同)。

(2)在消解过程中配制铜、锌标准系列。Cu:吸取$10\mu g \cdot mL^{-1}$标准液0mL、2mL、4mL、6mL、8mL、10mL于50mL容量瓶中,加入1∶1 HNO_3 1mL,加蒸馏水定容至刻度。Zn:吸取$20\mu g \cdot mL^{-1}$标准液0mL、1mL、2mL、3mL、4mL、5mL于50mL容量瓶中,加入1∶1 HNO_2 1mL,加蒸馏水定容至刻度。

(3)铬的测定。①称取0.500 0g研磨粉置于100mL消煮管中,加入少量石英砂,加入10mL浓HNO_3和3mL H_2SO_4,200℃下加热消解30min。如溶液仍有色,再加入5mLHNO_3,重复上述操作,直至溶液清澈,冷却。用水稀释至10mL,用$NH_3 \cdot H_2O$溶液中和至pH值为1～2,移入50mL容量瓶中,稀释至标线,摇匀,供测定。

②$KMnO_4$氧化三价铬。取50mL或适量清洁水样或经过预处理的水样于150mL锥形瓶中,用$NH_3 \cdot H_2O$或H_2SO_4溶液调至中性,加入几粒玻璃珠,加入(1+1)H_2SO_4和(1+1)H_3PO_4各0.5mL,摇匀。加入4%$KMnO_4$溶液2滴,如紫色消退,则继续滴加$KMnO_4$溶液至保持紫红色。加热煮沸至溶液约剩余为20mL。冷却后,加入1mL 20%尿素溶液,摇匀。用滴管加2%$NaNO_3$溶液,每加1滴充分摇匀,至紫色刚好消失。稍停片刻,待溶液内气泡逸尽,转移至50mL比色管中,稀释至标线,测定。

③标准曲线的绘制。向一系列50mL比色管中分别加入0mL、0.20mL、0.50mL、2.00mL、4.00mL、6.00mL、8.00mL和10.00mL铬标准使用溶液,用水稀释至标线。

④样品的测定。取适量(含Cr^{6+}少于$50\mu g$)无色透明消解液,置于50mL比色管中,用水稀释至标线,加入0.5mL(1+1)H_2SO_4溶液和0.5mL(1+1)H_3PO_4溶液,摇匀。加入2mL显色剂,摇匀。5～10min后,于540nm处,用10mm或30mm的比色皿,以水作参比,测定吸光度并作空白校正,从曲线上查得Cr^{6+}的含量。

3. 结果计算

金属含量的计算公式:

$$c = m/W \tag{4-9}$$

式中：c 为样品中金属含量($mg \cdot kg^{-1}$)；m 为从校准曲线上查得的金属含量(μg)；W 为植物样总量(g)。

五、注意事项

(1)湿法消解样品时，注意安全，一定要在通风橱内进行。

(2)用于测定铬的玻璃器皿不应用重铬酸钾洗液洗涤。

(3)显色前，水样调至中性。显色温度和放置时间对显色有影响，在15℃时，5～15min 即可稳定。

六、思考题

(1)不同重金属对小麦的毒害阈值有何不同？

(2)植株体内重金属的测定过程中应注意哪些事项？

实验 4.11 水蚤急性毒性实验

水蚤广泛分布于各地淡水水体，是浮游生物的主要类群之一。我国已知有130余种。它们具有繁殖快、生活周期短、来源广泛、易于培养、实验方法简便及对环境中的污染物敏感等特点，故国内外已广泛将其作为测试生物。本实验采用48h 急性 LC_{50}(半数致死浓度)实验法。

一、实验材料

最常使用大型蚤(*Daphnia magna*)、蚤状蚤(*Daphnia pulex*)及透明溞(*Daphnia hyalina*)作为实验材料。也有用隆线蚤(*Daphnia carinata*)、锯齿低额蚤(Simocep halus serrlutus)及多刺裸腹蚤(*Moina macrocopa*)等。

蚤类一般具有20～30个龄期不等(即雌蚤刚产下的幼蚤为第一龄，以后每脱壳一次增加一龄)。蚤类的生殖方式有单性生殖(孤雌生殖)与两性生殖。考虑取材方便及幼龄期对污染物的敏感性较强，通常选择孤雌生殖的雌性幼蚤作为材料，试验用蚤龄为(8±8)h(1～2龄之间)。由于蚤类在脱壳期对污染物的敏感性强，故在实验设计中必须有足够长的实验时间。

本实验采用在室内纯培养的大型蚤作为材料，实验前将怀卵雌蚤吸出，分开喂养，12h 以后以塑料纱过滤获得幼蚤，用去余氯水洗涤三次。急性试验时不喂食，以免污染物浓度受到食物的影响。

二、实验条件

1. 实验容器

蚤类培养一般用水族箱或培养缸。条件许可时也可用恒流装置培养。水温保持在20℃

左右，培养期间，其生物量以不大于 150 个 · L^{-1} 为宜。

急性毒性实验通常采用 150mL 的玻璃容器，内放 100mL 实验液，每个容器中放入 10 只实验蚤。而静态换水或慢性中毒实验需要用大容积及大实验液量，以保持实验蚤的正常活动空间及实验液中各种理化参数的相对稳定性。

2. 实验用水

配制实验液可用未受污染的江、河、湖、池水，须滤去水中的悬浮物及其他生物。使用自来水时，必须进行人工曝气或静置 2～3d，以除去水中的余氯，也可用蒸馏水，配方如下：$MgSO_4 \cdot 7H_2O$ 30mg、$CaSO_4$ 30mg、$NaHCO_3$ 48mg、KCl 2mg、水 100mL；调整 pH 值至 7.4～7.8。

3. 水温

实验时的水温以 20～25℃为宜。同一实验水温差幅不得超过±2℃。

要点：

（1）实验容器必须洗净，用蒸馏水充分冲洗，防止任何污染物污染。

（2）分离实验蚤时操作要仔细、快速。挑取的蚤大小力求一致，去掉体弱、损伤及雄性个体。

三、实验步骤

1. 预实验

为确定正式实验的浓度范围，应进行预实验。预实验的浓度范围可广些，在每个浓度中放入 3～5 只蚤，实验时间为 24～28h，从中得出大部分死亡及大部分存活的浓度。

2. 实验浓度选择

实验浓度的选择方法与藻类毒性实验方法相同，一般常用浓度为 10.0mg · L^{-1}、5.6mg · L^{-1}、3.2mg · L^{-1}、1.8mg · L^{-1}、1.0mg · L^{-1} 等。每个浓度设 2～3 个平行组，整个实验设一个对照组（即空白对照）。正式实验至少需要 2 次重复。由实验结果求出半数致死浓度（LC_{50}）值。

浓度设置根据对污染物特性的掌握情况而定，一般选择 5～7 个实验浓度，以其中能出现死亡率在 60%左右和 40%左右最为理想。

3. 实验液配制

毒性实验的污染物浓度以 mg · L^{-1} 为单位，工作废水用稀释百分数表示。污染物需先配制成母液，然后稀释到所需要的浓度。在实验过程中，污染物的挥发、容器的吸附及其他原因，易使实验液浓度降低，必须根据情况更换实验液。

4. 蚤的移放

新生蚤个体小，实验前应先用口径大于蚤体的吸管吸出，放置于表面皿中，移至解剖镜下，剔除雄性蚤及损伤、病弱个体，然后移放入实验液中。

5. 实验指标

LC_{50}是使蚤在预定实验时间内死亡50％的污染物浓度，如24h LC_{50}、48h LC_{50}等。

一般蚤类中毒停止游泳之后沉至水底，但心跳和肠蠕动有时还会持续一段时间，大触角及其刚毛偶尔还会动弹。在观察时，可轻轻摇匀实验液，观察1～2min，如停止活动可判断为死亡。

6. 实验时间

急性实验通常要经过48h才能完成，也有用24h或96h的。

四、结果与讨论

1. LC_{50}值的计算

LC_{50}值是用直线内插法求得的。实验结果必须有使蚤存活半数以上及半数以下两个浓度。在半对数坐标纸上，以纵坐标为对数浓度，横坐标为存活百分数，将50％存活率上下两点连成直线，再在直线与50％存活相交点，引出与横坐标的垂直线，与纵坐标交点所标示的浓度即LC_{50}的值。

2. 实验报告

实验报告内容应包括实验的日期，蚤种，蚤种的龄期（或出生至实验开始的时间）、平均体长、来源、驯养条件、喂食情况，实验容器体积，实验液量，实验水温，用水来源及实验蚤数等。实验液的一般理化参数（如pH值、溶解氧、电导率、总硬度等）也需加以说明，并写明其急性中毒症状。

3. 讨论

（1）蚤类的急性毒性实验为什么可应用于生态毒理学评价、工业废水排放管理、渔业水体保护和水质卫生评价等方面？

（2）求LC_{50}与求EC_{50}的方法有什么不同？

5　环境工程实训

实训5.1　大气污染控制工程实训

一、实训目的

通过本课程设计的学习，掌握"大气污染控制工程"课程要求的基本设计方法，掌握大气污染控制工程设计要点及相关工程设计要点，初步具备独立设计大气污染控制工程方案的能力；培养环境工程专业学生综合运用所学理论知识独立分析和解决燃煤型大气污染控制工程实际问题的实践能力。

二、实训内容和要求

1. 设计题目

小型燃煤锅炉烟气治理设计。

2. 设计原始资料

锅炉型号：单锅筒横置式抛煤机炉，蒸发量10t/h，出口蒸汽压力为13MPa；设计耗煤量：610kg/h；设计煤成分：$C^Y=61.5\%$，$H^Y=4\%$，$O^Y=3\%$，$N^Y=1\%$，$S^Y=1.5\%$，$A^Y=21\%$，$W^Y=8\%$，$V^Y=15\%$，属于中硫烟煤；排烟温度：160℃；空气过剩系数：1.4；飞灰率：22%；烟气在锅炉出口前阻力：650Pa。污染物排放按照锅炉大气污染物排放标准中2类区新建排污项目执行。连接锅炉、净化设备及烟囱等净化系统的管道假设长度50m，90°弯头10个。

3. 设计内容及要求

(1)根据燃煤的原始数据计算锅炉燃烧产生的烟气量、烟尘量和二氧化硫浓度。

(2)净化系统设计方案的分析包括净化设备的工作原理及特点，运行参数的选择与设计(注意：不能和其他组一样)，净化效率的影响因素等。

(3)除尘设备结构设计计算。

(4)脱硫设备结构设计计算。

(5)烟囱设计计算。

(6)管道系统设计,阻力计算,风机和电机的选择。

(7)根据计算结果绘制设计图,系统图要标出设备、管件编号,并附明细表;除尘系统、脱硫设备平面、剖面布置图若干张,以解释清楚为宜,最少 4 张 A4 纸大小的图,并包括系统流程图 1 张。

4. 主要参考文献

[1]郝吉明,马广大,王书肖.大气污染控制工程[M].4 版.北京:高等教育出版社,2021.

[2]黄学敏,张承中.大气污染控制工程实践教程[M].北京:化学工业出版社,2003.

[3]刘天齐.三废处理工程技术手册:废气卷[M].北京:化学工业出版社,1999.

[4]张殿印,王纯.除尘工程设计手册[M].北京:化学工业出版社,2003.

[5]童志权.工业废气净化与利用[M].北京:化学工业出版社,2001.

[6]周兴求.环保设备设计手册——大气污染控制设备[M].北京:化学工业出版社,2003.

[7]罗辉.环保设备设计与应用[M].北京:高等教育出版社,1997.

5. 设计成果形式及要求

(1)说明书装订顺序:说明书封面,任务书,目录,正文,参考文献,附图。

(2)说明书格式(省略)。

(3)设计图用 A4 纸规范打印,包括图框、明细表,平面布置图中要有方位标志(指北针)。

三、设计案例

以下为小型燃煤锅炉烟气治理设计案例(节选)。

1　引言

当今社会,大气污染已经变成一个全球性的环境问题,它带来的严重后果主要有温室效应、臭氧层破坏和酸雨等,不仅污染生物生态环境,还危害人类生存环境。因此,社会各界亦越来越重视大气污染防治问题。

近年来,随着我国国民经济的发展,能源的消耗量逐步上升,大气污染物如二氧化碳、二氧化硫、氮氧化物等的排放量也相应增加。我国是煤炭资源十分丰富的国家,一次能源构成中燃煤约占 75%,随着经济建设持续性快速发展,以煤炭为主要构成的能源消耗量也在持续增长。从我国目前的经济和技术发展水平及能源的结构来看,以煤炭为主要能源的状况在今后相当长时间内不会有根本性的改变,我国的大气污染仍将以煤烟型污染为主。因此,控制燃煤烟气污染是我国改善大气质量、减少酸雨和二氧化硫危害的关键。

数据显示,我国煤炭消耗量从 1990 年的 9.8 亿 t 增加到 1995 年的 12.8 亿 t;二氧化硫排放总量随着煤炭消费量的增长而急剧增加,到 1995 年,全国二氧化硫排放总量达到 2370 万 t;工业燃烧煤排放的烟尘总量为 1478 万 t;工业粉尘排放量约为 639 万 t。到 1995 年,全国汽车保有量已超过 1050 万辆,比 1990 年增加 3420 万辆,汽车排放的氮氧化物、一氧化碳和碳氢化物排放总量逐年上升。到1997年,我国烟尘排放总量为15 650t,其中燃煤排放量占排放总量的80%以上,在世界各国的排放量中位于前列。由此可见,烟尘排放问题已经成为制约我国经济和社会发展的重要因素。2000年,我国二氧化硫排放量为1995万t,居世界第一位。专家测算,要满足全国天气的环境容量要求,二氧化硫排放量要在此基础上至少消减40%。此外,2000年,我国烟尘排放量为1165万t,工业粉尘的排放量为1092万t。因此,大气污染是我国目前第一大环境问题。

大气对于人类来说非常重要,没有大气或者大气受到污染,最终受危害的还是我们人类自身。因此,我们必须重视大气污染问题,用科学的态度去面对大气污染,用科学的方法去防治大气污染并解决其带来的问题。

2 燃煤锅炉烟气量、烟尘和二氧化硫浓度的计算

设计耗煤量为610kg/h;设计煤成分:$C^Y=61.5\%$,$H^Y=4\%$,$O^Y=3\%$,$N^Y=1\%$,$S^Y=1.5\%$,$A^Y=21\%$,$W^Y=8\%$,$V^Y=15\%$,属于中硫烟煤;排烟温度:160℃;空气过剩系数:1.4;飞灰率:22%。假设燃烧1kg该燃煤,计算结果见表5-1。

表5-1 1kg煤燃烧计算表

	质量/g	摩尔质量/(g·mol^{-1})	物质的量/mol	耗氧量/mol
C	615	12	51.25	51.25
H	40	2	20	10
O	30	32	−0.94	−0.94
N	10	28	0.36	0
S	15	32	0.47	0.47
W	80	18	4.44	0
A	210	—	—	0

(1)由表5-1可得燃煤1kg的理论需氧量为:

$$n_{O_2}=51.25+10+0.47-0.94=60.78(\text{mol})$$

$$V_{O_2}=60.78\times22.4=1\ 361.5(\text{L})$$

(2)干空气中氮和氧物质的量之比为3.78∶1,则1kg该煤完全燃烧理论需空气量为:

$$V_a^0=1\ 361.5\times(1+3.78)=6\ 507.97(\text{L})\approx6.5(\text{m}^3)$$

(3)实际所需空气量为:

$$V_a=6.5\times1.4=9.1(\text{m}^3)$$

(4)燃烧1kg该煤产生的理论烟气量为:

$$\begin{aligned}V_{fg}^0&=V_{CO_2}+V_{H_2O}+V_{SO_2}+V_{N_2}\\&=(51.25+10+4.44+0.47+0.36+60.78\times3.78)\times\frac{22.4}{1000}\\&=6.64(\text{m}^3)\end{aligned}$$

实际烟气量为：

$$V_{fg}=6.64+9.1-6.5=9.24(m^3)$$

(5)二氧化硫质量为：

$$m_{SO_2}=0.47\times64=30.08(g)=30\ 080(mg)$$

(6)烟气中飞灰质量为：

$$m_A=210\times0.22=46.2(g)=46\ 200(mg)$$

(7)160℃时烟气量为：

$$V=\frac{V_0T}{T_0}=\frac{9.24\times(273+160)}{273}=14.7(m^3)$$

(8)二氧化硫浓度为：

$$\omega_{SO_2}=\frac{30\ 080}{14.7}=2046(mg/m^3)$$

(9)灰尘浓度为：

$$\omega_A=\frac{46\ 200}{14.7}=3143(mg/m^3)$$

(10)锅炉烟气流量为：

$$Q=V\times610=14.7\times610=8967(m^3/h)=2.49(m^3/s)$$

3 袋式除尘器的设计

袋式除尘器是使含尘气流通过纤维织物(滤料)将粉尘分离补集的装置，属于过滤式除尘器，可用于粒径大于0.1μm的含尘气体。它的除尘效率一般可达99%以上，不仅性能稳定可靠，操作简单，而且所收集的干尘粒也便于回收利用。对于细小而干燥的粉尘，采用袋式除尘净化比较适宜。

3.1 袋式除尘器的除尘机理

含尘气体通过袋式除尘器时，其过滤过程分两个阶段进行[1]。首先，含尘气体通过清洁滤料(新的或清洗过的植料)，粉尘被捕集，此时滤料纤维起过滤作用，过滤效率为50%～80%。然后，随着过滤过程的进行，被阻留的粉尘不断增加，一部分灰尘嵌入滤料内部，另一部分则覆盖在滤料表面形成一层粉尘层，此时含尘气体主要通过粉尘层进行过滤，这是袋式除尘器的主要滤尘阶段。但随着颗粒在滤袋上积聚，滤袋两侧的压力差增大，会把有些已附在滤料上的细小粉尘挤压过去，使除尘效率降低。因此，除尘器阻力达到一定数值后，要及时清灰，且清灰时不能破坏粉尘层。袋式除尘器的捕尘机理包括筛滤、惯性碰撞、拦截、扩散、重力沉降[2]。

3.2 袋式除尘器的主要特点

(1)除尘效率高，特别是对微细粉尘也有较高的除尘效率，一般可达99%。如果在设计和维护管理时充分注意，除尘效率能达到99.9%以上。

(2)适应性强，可以捕集不同性质的粉尘。例如，对于高比电阻粉尘，袋式除尘器比电除尘器效果好。此外，入口含尘浓度在一相当大的范围内变化时，对除尘效率和阻力的影响都不大。

(3)使用灵活,处理风量范围为每小时数百立方米到数十万立方米。可以做成直接安装于室内、机器附近的小型机组,也可以做成大型的除尘器室。

(4)结构简单,可以因地制宜采用直接套袋的简易袋式除尘器,也可采用效率更高的脉冲清灰袋式除尘器。

(5)工作稳定,便于回收干料,没有污泥处理、腐蚀等问题,维护简单。

(6)应用范围受到滤料耐温、耐腐蚀性能的限制,特别是在耐高温性能方面,目前涤纶滤料适用于120～130℃,而玻璃纤维滤料可耐250℃左右。若含尘气体温度更高,则可采用造价高的特殊滤料,也可采取降温措施,但这会使系统复杂化,造价也高。

(7)不适宜联结性强及吸湿性强的粉尘,特别是含尘气体温度低于露点时会产生结露,致使滤袋堵塞。一般使用温度低于300℃(目前涤纶滤料适用于120～130℃,而玻璃纤维滤料可耐250℃左右)。

(8)处理风量大时,占地面积大,造价高。

(9)滤料是袋式防尘器中的主要部件,其造价一般占设备费用的10%～15%,滤料需定期更换,从而增加了设备的运行及维护费用,也使劳动条件变差。

3.3 除尘效率的影响因素

除尘效率是衡量除尘器性能最基本的参数,它表示除尘器处理气流中粉尘的能力,与滤料运行状态有关,并受粉尘性质、滤料种类、阻力、粉尘层厚度、过滤风速及清灰方式等诸多因素影响。

3.4 运行参数的选择

此次用袋式除尘器所除烟气是含硫煤燃烧生成的,其温度高,其中颗粒之间的摩擦力较大,又有一定浓度的二氧化硫和水蒸气,腐蚀性强,通过对表5-2及表5-3中各种滤料和清灰方式的研读,决定采用聚四氟乙烯滤料,并用反吹风方式清灰。选用长4m,直径为100mm的圆筒形滤布。160℃时,烟气密度大约为$0.817kg/m^3$,烟囱出口处的密度大约为$0.756kg/m^3$。由相关标准可知,二类地区排放烟气最大浓度为$200mg/m^3$。

设计的除尘器的除尘效率为:$\eta = 1 - \frac{C_t}{C_0} = 1 - \frac{200}{3143} = 93.64\%$。

袋式除尘器的除尘效率一般在99%以上,完全符合此次设计的要求。

表5-2 各种滤料性能[4]

滤料名称	直径/μm	耐温/K		吸水率/%	耐酸性	耐碱性	强度
		长期	最高				
棉织物	10～20	348～358	368	8	很差	稍好	1
蚕丝	18	353～363	373	16～22	—	—	—
羊毛	5～15	353～363	373	10～15	稍好	很差	0.4
尼龙		348～358	368	4.0～4.5	稍好	好	2.5
奥纶		398～408	423	6	好	差	1.6

续表 5-2

滤料名称	直径/μm	耐温/K		吸水率/%	耐酸性	耐碱性	强度
		长期	最高				
涤纶		413	433	6.5	好	差	1.6
玻璃纤维	5～8	523	—	4.0	好	差	1
芳香族聚酰胺		493	533	4.5～5.0	差	好	2.5
聚四氟乙烯		493～523	—	0	很好	很好	2.5

表 5-3　袋式除尘器的部分使用情况[5]

粉尘种类	纤维种类	清灰方式	过滤速度/(m·min⁻¹)	粉尘比阻力系数/(N·min·g⁻¹)
飞灰(煤)	玻璃、聚四氟乙烯	逆气流、脉冲喷吹、机械振动	0.58～1.8	1.17～2.51
飞灰(油)	玻璃	逆气流	1.98～2.35	0.79
水泥	玻璃、丙烯酸系聚酯	机械振动	0.46～0.64	2.00～11.09
铜	玻璃、丙烯酸系	机械振动、逆气流	0.18～0.82	2.51～10.86
电炉	玻璃、丙烯酸系	逆气流、机械振动	0.46～1.22	8.5～119

4　袋式除尘器设计

由前面的计算可知进口烟气流量：$Q=8967\text{m}^3/\text{h}=149.5\text{m}^3/\text{min}=2.5\text{m}^3/\text{s}$。

进口烟气浓度：3143mg/m^3。

采用气流反吹清灰式除尘器，过滤速度取：$u_F=2\text{m/min}$。

计算用烟气量为：$Q_1=1.2\times Q=1.2\times 8976=10\,771.2(\text{m}^3/\text{h})=179.4(\text{m}^3/\text{min})$。

则可得烟气所要经过的总的滤袋面积为：$A=\dfrac{Q_1}{2}=89.7(\text{m}^2)$。

设计袋的直径为：$D=100\text{mm}=0.1\text{m}$。

设计袋的高度为：$L=3.5\text{m}=3500\text{mm}$。

则可得每条滤袋的面积为：$s=3.14\times D\times L=3.14\times 0.1\times 3.5=1.099(\text{m}^2)$。

可得所需滤袋的条数为：$n=\dfrac{A}{s}=\dfrac{89.75}{1.099}=82$(条)。

选用 84 条滤袋，重新计算气布比：$u_F=\dfrac{179.5}{1.099\times 84}=1.94(\text{m/min})$。

设置 2 个滤室，每个滤室分 1 个组，则每个组有滤袋 42 条，长方向上分布 7 条滤袋，宽方向上分布 6 条滤袋，一般袋与袋之间的距离为 50～70mm，此处设计中取袋与袋之间的距离为 50mm，即 0.05m。为了便于安装与检修，两个组之间留 500mm 宽的检修通道。边排滤袋与壳体间留出 300mm 的距离。

由以上设计可得每个滤室的长为：$(7\times 0.1+6\times 0.05)\times 2+0.5+0.3\times 2=3.1(\text{m})$；宽

为：(6×0.1+5×0.05)+0.3×2=1.45(m)。设灰斗短边与地面夹角为60°，灰斗底面为直径0.4m的圆筒，底面距地面0.5m，计算灰斗高度：$h=\frac{1.45-0.4}{2}\times\sqrt{3}=0.91(\mathrm{m})$。

滤袋上方的安装高度取0.8m，则除尘器的总高度为：$H=L+h+0.5+0.8=3.5+0.91+0.5+0.8=5.71(\mathrm{m})$。

5　填料塔的设计及计算

5.1　吸收二氧化硫的吸收塔的选择

吸收塔的名称、操作参数、优点、缺点见表5-4。

表5-4　吸收塔比较

名称	操作参数	优点	缺点
填料塔	空塔气速为2.0～5.0m/s，液气比为0.5～1.0L/m^3，压力损失为200～1000Pa	结构简单，设备所占空间小，制造容易；液气比小，能耗低；气液接触好，传质较易，可同时除尘、降温、吸收	不能无水运行
自激湍球塔	液气比为1～10L/m^3，喷淋密度约为6m^3/(m^2·h)，压力损失为500Pa/m，空塔气速为0.5～1.2m/s	结构简单，制造容易；填料可用耐酸陶瓷，较易解决防腐蚀问题；流体阻力较小，能量消耗低；操作弹性较大，运行可靠	不能无水运行
筛板塔	空塔气速为1.0～3.0m/s，小孔气速为16～22m/s，液层厚度为40～60mm，单板阻力为300～600Pa，喷淋密度为12～15m^3/(m^2·h)	结构较简单，空塔速度高，处理气量大；能够处理含尘气体，可以同时除尘、降温、吸收；大直径塔检修时方便	安装要求严格，塔板要求水平；操作弹性较小，易形成偏流和漏液，使吸收效率下降
喷淋塔	空塔气速为2.5～4.0m/s，液气比为13～30L/m^3，压力损失为500～2000Pa	结构简单，造价低，操作容易；可同时除尘、降温、吸收，压力损失小	气液接触时间短，不易混合均匀，吸收效率低；液体经喷嘴喷入，动力消耗大，喷嘴易堵塞；产生雾滴，须设除雾器

通过比较各种设备的性能参数，填料塔具有负荷高、压降低、不易堵、弹性好等优点，具有很高的脱硫效率，所以选用填料塔吸收二氧化硫。

5.2 脱硫工艺

5.2.1 工艺比较

湿法脱硫是采用液体吸收剂洗涤二氧化硫烟气以除去二氧化硫的技术，本设计为高浓度二氧化硫烟气的湿法脱硫。

近年来，尽管半干法和干法脱硫技术及其应用有了较大的发展空间，但是湿法脱硫仍是目前世界上应用最广的脱硫技术，其优点是技术成熟、脱硫效率高、操作简便、吸收剂价廉易得且适用煤种范围广、所用设备较简单等。常用方法有石灰/石灰石吸收法、氢氧化钠吸收法、氨吸收法，其工艺比较见表5-5。

表5-5 常用方法工艺比较

项目	优点	缺点
石灰/石灰石吸收法	脱硫效率高，吸收剂资源广泛，价格低廉，副产品石膏可用作建筑材料	系统复杂，占地面积大，造价高，容易结垢造成堵塞，运行费用高，只使用大型电站锅炉
氢氧化钠吸收法	价格便宜，脱硫效率高，副产品的溶解度特性更适用于加热解吸过程，可循环利用，吸收速度快	高温下 $NaHSO_3$ 转换成 Na_2SO_3，丧失吸收二氧化硫的能力
氨吸收法	脱硫效率高，运行费用低	吸收剂在洗涤过程中挥发产生氨雾，污染环境，投资大

经过综合考虑，最终选用氢氧化钠吸收法进行脱硫，即采用氢氧化钠来吸收烟气中的二氧化硫，再用石灰石中和再生，再生后的溶液继续循环利用。该法吸收剂采用氢氧化钠，故吸收率较高，可达95%，而且吸收系统内不生成沉淀物，无结垢和阻塞问题。

反应机理：

$$2NaOH+SO_2 \longrightarrow Na_2SO_3+H_2O$$

$$Na_2SO_3+SO_2+H_2O \longrightarrow 2NaHSO_3$$

Na_2SO_3 同样可以吸收 SO_2，达到循环吸收的效果。

5.2.2 工艺过程

含二氧化硫烟气经除尘、降温后送入吸收塔，塔内喷淋含氢氧化钠的溶液进行洗涤净化，净化后的烟气排入大气。从塔底排出的吸收液被送至再生槽，加 $CaCO_3$ 进行中和再生。再生后的吸收液经固液分离后，清液返回吸收系统，所得固体物质加入水重新浆化后，鼓入空气进行氧化可得石膏。

具体工艺过程如下。

(1)脱硫反应：

$$Na_2CO_3+SO_2 \longrightarrow Na_2SO_3+CO_2\uparrow \tag{5-1}$$

$$2NaOH+SO_2 \longrightarrow Na_2SO_3+H_2O \tag{5-2}$$

$$Na_2SO_3+SO_2+H_2O \longrightarrow 2NaHSO_3 \tag{5-3}$$

其中：式(5-1)为启动阶段 Na_2CO_3 溶液吸收 SO_2 的反应；式(5-2)为再生液pH值较高时

(高于 9 时),溶液吸收 SO_2 的主反应;式(5-3)为溶液 pH 值较低(5～9)时的主反应。

(2)氧化过程(副反应):

$$Na_2SO_3 + 1/2O_2 \longrightarrow Na_2SO_4 \tag{5-4}$$

$$NaHSO_3 + 1/2O_2 \longrightarrow NaHSO_4 \tag{5-5}$$

(3)再生过程:

$$Ca(OH)_2 + Na_2SO_3 \longrightarrow 2NaOH + CaSO_3 \tag{5-6}$$

$$Ca(OH)_2 + 2NaHSO_3 \longrightarrow Na_2SO_3 + CaSO_3 \cdot 1/2H_2O + 3/2H_2O \tag{5-7}$$

(4)氧化过程:

$$CaSO_3 + 1/2O_2 \longrightarrow CaSO_4 \tag{5-8}$$

式(5-6)为第一步脱硫反应的再生反应,式(5-7)为再生至 pH 值高于 9 以后继续发生的主反应。脱下的硫以亚硫酸钙、硫酸钙的形式析出,然后将其用泵打入石膏脱水处理系统,再生的 NaOH 可以循环使用。

5.3 填料的选择

填料是填料塔的核心,它提供了塔内气液两相的接触面而且促使气液两相分散,液膜不断更新,填料与塔的结构决定了塔的性能。填料必须具备以下特点,如较大的比表面积,较高的孔隙率,良好的润湿性,耐腐蚀,具有一定的机械强度,密度小,价格低廉等。填料的种类很多,大致可分为实体填料与网体填料两大类。实体填料包括环形填料(如拉西环、鲍尔环和阶梯环),鞍形填料(如弧鞍、矩鞍),以及由陶瓷、金属、塑料等材质制成的填料。网体填料主要是由金属丝网制成的,如鞍形网、波纹网等。鲍尔环由于环壁开孔,大大提高了环内空间及环内表面的利用率,气流阻力小,液体分布均匀。与其他填料相比,鲍尔环的气体通量可增加50%以上,传质效率提高 30%左右。鲍尔环是一种应用较广的填料。结合几种填料的优缺点,最终决定本次设计选择塑性鲍尔环作为填料。

5.4 湿式石灰法脱硫运行参数的选择和设计

再热烟气温度大于 75℃,烟气流速在 1～5m/s 之间,浆液 pH 值大于 9,石灰/石灰石浆质量浓度在 10%～15%之间,液气比为 8～25L/m^3,气液反应时间为 3～5s,气流速度为 3.0m/s,喷嘴出口流速为 10m/s,喷淋效率覆盖率为 200%～300%,脱硫石膏含水率为 40%～60%,一般喷淋层为 3～6 层,烟气中二氧化硫的体积分数为 $4000/10^{-6}$,脱硫系统阻力为 2500～3000Pa。

5.4.1 喷淋塔内流量计算

假设喷淋塔内平均温度为 80℃,压力为 120kPa,除尘前漏气系数为 0.08,则喷淋塔内烟气流量为:

$$Q_v = Q_s \times \frac{273 + t}{273} \times \frac{101.324}{P} \times (1 + K)$$

式中:Q_v 为喷淋塔内烟气流量(m^3/h);Q_s 为标况下烟气流量(m^3/h);K 为除尘前漏气系数,取 0～0.1;t 为喷淋塔内的平均温度(℃);P 为压力(kPa)。

$$Q_v = 2.49 \times \frac{273 + 80}{273} \times \frac{101.324}{120} \times (1 + 0.08) = 2.94(m^3/s)$$

5.4.2 喷淋塔径计算

依据石灰石烟气脱硫的操作条件参数，可选择喷淋塔内烟气流速 $v=2\text{m/s}$，则喷淋塔截面面积 A 为：

$$A=Q/v=2.94/2=1.47(\text{m}^2)$$

则塔径 d 为：

$$d=\sqrt{4A/\pi}=\sqrt{4\times 1.47/3.14}=1.36(\text{m})$$

取塔径 $D_0=1500\text{mm}$。

5.4.3 喷淋塔高度计算

喷淋塔可看作由三部分组成，即吸收区、除雾区和浆池。

(1)吸收区高度。选择喷淋塔喷气液反应时间 $t=3\text{s}$ 由石灰石法烟气脱硫的操作条件参数可得，喷淋塔的吸收区高度为：

$$H_1=vt=3\times 4=12(\text{m})$$

(2)除雾区高度。除雾器设计成两段。每层除雾器上下各设有冲洗喷嘴。最下层冲洗喷嘴距最上层 3.4～3.5m。则取除雾区高度为：$H_2=3.5\text{m}$。

(3)浆池高度。浆池容量 V_1 按液气比浆液停留时间 t_1 确定：

$$V_1=L/G\times Q\times t_1$$

式中：L/G 为液气比，取 16L/m^3；Q 为标况下烟气流量(m^3/h)；t_1 为浆液停留时间(s)。

一般 t_1 为 4～8min，本设计中取为 8min，则浆池容积为：

$$V_1=16\times 10^{-3}\times 8976\times 4\div 60=9.574(\text{m}^3)$$

选取浆池直径等于或略大于喷淋塔 D_0，本设计中选取的浆池直径 D_1 为 2m，然后根据 V_1 计算浆池高度：

$$h_0=\frac{4V_1}{\pi D_1^2}$$

式中：h_0 为浆池高度(m)；V_1 为浆池容积(m^3)；D_1 为浆池直径(m)。

$$h_0=\frac{4\times 9.574}{3.14\times 2^2}=3.05(\text{m})$$

从浆池液面到烟气进口底边的高度为 0.8～2m。本设计取 0.8m。

(4)喷淋塔高度。

$$H_T=H_1+H_2+h_0=12+3.5+3.05=18.55(\text{m})$$

选取 1.5 寸(1 寸≈0.033m)脉冲阀，进气口管径为 560mm，选用 560mm 管径。出气口管径为 500mm，2 个除雾器，3 个格栅板，包括 500mm 的鲍尔环填料，进料口 500mm。每次喷吹量为 0.24m^3，喷吹时间为 0.1s，清灰周期为 50s。

6 烟囱设计计算

(1)烟囱出口直径的计算：

$$d=0.018\,8\sqrt{\frac{Q_1}{v_s}}$$

式中：Q_1 为通过烟囱的总烟气量(m^3/h)；v_s 为按表 5-6 选取烟囱出口烟气流速(m/s)。

表 5-6 烟囱出口烟气流速(单位：m/s)

通风方式	运行情况	
	全负荷时	最小负荷
机械通风	10～20	4～5
自然通风	6～10	2.5～3

选定 $v_s = 20$m/s，则可得：

$$d = 0.0188 \times \sqrt{\frac{10\,771.2}{20}} = 0.44(\text{m})$$

取 $d=0.5$m。

(2)烟气的热释放率：

$$Q_H = 0.35 \times P_a \times Q_v \times \frac{\Delta T}{T_s}$$

式中：Q_H 为烟气热释放率(kW)；Q_v 为实际排烟量(m^3/s)；T_a 为环境大气温度(K)，取环境大气温度为 293K；T_s 为烟囱出口处的烟气温度，K；大气压 $P_a=101.325$kPa，$\Delta T = T_s - T_a = 433-293=140$(K)。

$$Q_H = 0.35 \times 1013 \times 4.18 \times \frac{140}{433} = 479(\text{kW})$$

(3)烟囱的几何高度见表 5-7。

表 5-7 烟囱的几何高度

锅炉总定额出力/($t \cdot h^{-1}$)	<1	1～2	2～6	6～10	10～25	26～35
烟囱最低高度/m	20	25	30	35	40	45

由设计任务书可得，所有锅炉的总的蒸发量为 4t/h。通过表 7 可以确定烟囱的几何高度为：$H_s = 30$m。

(4)烟气抬升高度：

$$\Delta H = 2 \times (0.01 Q_H + 1.5 V_s D)/\overline{u}$$

式中：V_s 为烟囱出口流速，取 20m/s；$\overline{u}$ 为平均风速，取 3m/s。

$$\Delta H = 2 \times (0.01 \times 479 + 1.5 \times 20 \times 0.5)/3 = 13.19(\text{m})$$

(5)烟囱有效高度：

$$H = H_s + \Delta H = 30 + 13.19 = 43.19(\text{m})$$

(6)烟囱底部直径：

$$d_1 = d + 2 \times i \times H_s$$

式中：d 为烟囱出口内径(m)；H_s 为烟囱高度(m)；i 为烟囱锥角(通常取 $i=0.02$～0.03)，此处设计取 $i=0.02$。

可得：

$$d_1=0.5+2\times0.02\times30=1.7(\mathrm{m})$$

(7)烟囱抽力：

$$S_y=0.034\ 2\times H\times\left(\frac{1}{273+t_k}-\frac{1}{273+t_p}\right)\times B$$

式中：t_k 为外界空气温度(℃)；t_p 为烟囱内烟气的平均温度(℃)；B 为当地大气压(Pa)。

$$S_y=0.034\ 2\times43.17\times\left(\frac{1}{273+20}-\frac{1}{273+160}\right)\times1.01\times10^5=164.6(\mathrm{Pa})$$

(8)烟囱排放核算。排放温度下粉尘浓度为 3143mg/m^3，按袋式除尘器除尘效率 99%计，粉尘的排放浓度为：3143×(1－99%)＝31.43(mg/m^3)。

排放温度下，粉尘排放速率：$v=3143\times8967\times10^{-6}=28.2(\mathrm{kg/h})$。

落到地面灰尘的最大浓度为：

$$\rho_{\max}=\frac{2Q}{3.14uH^2e}\cdot\frac{\sigma_z}{\sigma_y}$$

式中：u 为平均风速，此处采用平均风速 3m/s；Q 为源强(g/s)，$Q=G\times A\times\eta_A\times(1-\eta)$。

$$\rho_{\max}=\frac{2\times48.80}{3.14\times3\times43.17^2\times2.72}\times0.8=0.001\ 6(\mathrm{mg/m^3})$$

本设计规定，污染物排放按照锅炉大气污染物排放标准中二类区新建排污项目执行。由新污染源大气污染物排放限值查得，烟囱有效高度为 43.17m 时，颗粒物最高允许排放浓度为120mg/m^3，二级最高允许排放效率为 60kg/h，最大落地浓度为 0.5mg/m^3。比较得出排放浓度、速率及落地浓度都不超标，因而设计合理，符合标准，所以该气体经处理后可以在国家二级标准下排放。

7　阻力计算

7.1　管道阻力计算

各装置及管道布置的原则：根据锅炉运行情况及锅炉现场的实际情况确定各装置的位置。对各装置及管道的布置应力求简单、紧凑、管程短、占地面积小，并使安装、操作及检修方便。

(1)管径的计算：

$$D=\sqrt{\frac{4\times Q_1}{3.14\times v}}$$

式中：Q_1 为工况下管道的烟气流量(m^3/h)；v 为管道内烟气的流速(m/s)，对于锅炉内烟尘，v＝10～25m/s，此处设计取 v＝15m/s。

$$D=\sqrt{\frac{4\times3}{3.14\times15}}=0.505(\mathrm{m})$$

选用外径 550mm，壁厚 20mm 的钢管，则内径为 D＝510mm，管中气体流速为：

$$v=\frac{4\times Q_1}{3.14\times D^2}=\frac{4\times3}{3.14\times0.51^2}=14.99(\mathrm{m/s})$$

(2)圆管摩擦压力损失：

$$\Delta P_{L} = \lambda \times \frac{L}{d} \times \frac{\rho v^2}{2}$$

式中：L 为管道长度，50m；d 为管道直径，0.51m；ρ 为烟气密度，0.817kg/m^3；v 为管中气流平均流速，14.99m/s；λ 为摩擦阻力系数，是气体雷诺数 Re 和管道相对粗糙度 $\frac{K}{d}$ 的函数(实际情况中，对金属管道 λ 值取 0.02，对砖砌或混凝土管道 λ 值可取 0.04)。

所以可得：

$$\Delta P_{L} = 0.02 \times \frac{50}{0.51} \times \frac{0.817 \times 14.99^2}{2} = 179.98(\text{Pa})$$

(3)局部阻力损失：

$$\Delta P_{m} = \xi_0 \times \frac{\rho v^2}{2}$$

式中：ξ_0 为异形管道的局部阻力系数，取 $\xi_0 = 0.75$；v 为断面平均气流流速，14.99m/s；ρ 为烟气密度，0.817kg/m^3。已知连接锅炉、净化设备及烟囱等净化系统总需 90°弯头 10 个，查设计手册局部阻力系数表可得 $\xi = 0.25$，则可得：

$$\Delta P_{m} = 0.75 \times \frac{0.817 \times 14.99^2}{2} \times 10 = 688.4\ (\text{Pa})$$

$$\Delta P_{g} = \Delta P_{L} + \Delta P_{m} = 179.98 + 688.4 = 868.4(\text{Pa})$$

7.2 除尘器阻力

(1)除尘器内部压力损失：

$$\Delta P = \Delta P_{C} + \Delta P_{f}$$

式中：ΔP_{C} 为除尘器结构压力损失，在正常过滤风速下，一般取 300～500Pa；ΔP_{f} 为除尘器过滤阻力。

(2)过滤阻力：

$$\Delta P_{f} = (\xi_0 + \alpha m)\mu v_{f}$$

式中：ξ_0 为清洁滤料的压损系数或阻力系数，$7.2\times10^{7}\text{m}^{-1}$；$\mu$ 为含尘气体的黏度，0.255×10^{-6}Pa·s；v_{f} 为过滤速度，2m/min；α 为粉尘层的平均比阻力，一般为 $10^{10}\sim10^{11}$m/kg；m 为粉尘负荷(单位面积的含尘量)(kg/m^2)，普通运行的堆积粉尘负荷范围为 0.1～2.0kg/m^2。

(3)粉尘负荷：

$$m = C_{i} v_{f} t$$

式中：C_{i} 为入口气体含尘浓度(kg/m^3)；t 为过滤时间(s)。

过滤时间取 2h，即 7200s，有：

$$m = 3143 \times 10^{-6} \times \frac{2}{60} \times 7200 = 0.754(\text{kg/m}^2)$$

取 $\alpha = 10^{11}$m/kg，则

$$\Delta P_{f} = (7.2 \times 10^{7} + 0.754 \times 10^{11}) \times 0.255 \times 10^{-6} \times \frac{2}{60} = 318(\text{Pa})$$

取 $\Delta P_{C} = 500$Pa，则

$$\Delta P = 500 + 318 = 818(\text{Pa})$$

7.3 烟囱阻力计算

$$\Delta P_y = \lambda \times \frac{H}{d} \times \frac{\rho v^2}{2}$$

式中：H 为烟囱高度，43.17m；d 为烟囱平均直径，1.1m；ρ 为烟气密度，0.756kg/m^3；v 为烟囱中气流平均流速，20m/s；λ 为摩擦阻力系数，是气体雷诺数 Re 和管道相对粗糙度 $\frac{K}{d}$ 的函数（实际情况中，对金属管道 λ 值可取 0.02，对砖砌或混凝土管道 λ 值可取 0.04）。

$$\Delta P_y = 0.02 \times \frac{43.17}{1.1} \times \frac{0.756 \times 20^2}{2} = 118.7(\text{Pa})$$

7.4 系统总阻力的计算

系统总阻力（其中锅炉出口前阻力为 650Pa）为：

$$\begin{aligned}\sum \Delta h &= \text{锅炉出口前阻力} + \text{管道阻力} + \text{除尘器阻力} + \text{烟囱阻力} + \text{脱硫阻力} \\ &= 650 + 868.4 + 818 + 118.7 + 500 \\ &= 2\,955.1(\text{Pa})\end{aligned}$$

8 引风机和电动机的计算和选择

8.1 风机风量的计算

$$Q_y = 1.1 \times Q_1$$

式中：1.1 为风量备用系数；Q_1 为通过风机前的风量（m^3/h）；于是可得

$$Q_y = 1.1 \times 10\,760 = 11\,836(\text{m}^3/\text{h})$$

8.2 风机风压的计算

$$H_y = 1.2 \times (\sum \Delta h - S_y) \times \frac{273 + t_p}{273 + t_y}$$

式中：1.2 为风压备用系数；$\sum \Delta h$ 为系统总阻力（Pa）；t_p 为风机前烟气温度，取 160℃；t_y 为风机性能表中给出的试验用气体温度，250℃。

$$H_y = 1.2 \times (2\,955.1 - 114.4) \times \frac{273 + 160}{273 + 250} = 2\,772.35(\text{Pa})$$

根据以上计算的风量和风压，选择 Y5-47 型锅炉离心引风机。参数见表 5-8。

表 5-8 风机参数（可调风量）

机号	转速/(r·min^{-1})	全压/Pa	流量/(m^3·h^{-1})	电机型号	功率/kW
9C	1820	2903～3197	19 640～29 070	Y225S-4	37

8.3 电动机功率核算

$$N_e = \frac{Q_y H_y \beta}{3600 \times 1000 \times \eta_1 \eta_2}$$

式中：Q_y 为风机风量；η_1 为风机全压头时的效率（一般风机为 0.6，高效风机约为 0.9）；η_2 为机械传动效率，当风机与电机直联传动时，$\eta_2=1$，用联轴器连接时，$\eta_2=0.95\sim0.98$，用“V”形带传动时，$\eta_2=0.95$；β为电动机备用系数，风机取1.3。

选择电机与风机直联传动：

$$N_e=\frac{11\,836\times2\,772.35\times1.3}{3600\times1000\times0.6\times1}=19.75(\mathrm{kW})$$

故电机符合要求。

9　总结

中国的大气污染以煤烟型为主，主要污染物是二氧化硫和烟尘。火电厂是煤、石灰消耗大户，火电厂二氧化硫年排放量占工业排放量的1/3，且增长较快。锅炉烟气是造成大气污染的主要原因之一。

本设计选取的设备是湿式除尘器，因为它的除尘效率比较高，结构简单，占地面积小，能处理高温、高湿或黏性大的含尘气体，更重要的是除尘的同时兼有脱除气态污染物的作用。

从脱硫的角度来说，按脱硫过程是否有水参加和脱硫参与的干湿状态，烟气脱硫又可分为湿法、半干法或干法脱硫。湿法系统是指利用碱性吸收液或含触媒粒子的溶液，吸收烟气中的二氧化硫[7]。湿法处理二氧化硫主要有石灰-石灰石法、双碱法、氨吸收法、亚硫酸钠法、氧化镁法等，本设计选取的是湿式石灰法脱硫。

参考文献：

[1]郝吉明，马广大，王书肖. 大气污染控制工程（第四版）[M]. 北京：高等教育出版社，2021.

[2]黄学敏，张承中. 大气污染控制工程实践教程[M]. 北京：化学工业出版社，2003.

[3]刘天齐. 三废处理工程技术手册：废气卷[M]. 北京：化学工业出版社，1999.

[4]张殿印，王纯. 除尘工程设计手册[M]. 北京：化学工业出版社，2003.

[5]童志权. 工业废气净化与利用[M]. 北京：化学工业出版社，2001.

[6]周兴求. 环保设备设计手册——大气污染控制设备[M]. 北京：化学工业出版社，2003.

[7]罗辉. 环保设备设计与应用[M]. 北京：高等教育出版社，1997.

实训5.2　水污染控制工程实训

一、实训目的

通过本实训，掌握“水污染控制工程”课程要求的基本设计方法，掌握水污染控制工程设计要点及相关工程设计要点，初步具备独立设计水污染控制工程方案的能力；培养环境工程专业学生综合运用所学的理论知识独立分析和解决生活污水污染控制工程实际问题的实践能力。

二、实训内容和要求

1. 设计题目

40 000m^3/d 城市污水处理厂设计。

2. 设计原始资料

根据相关资料，进水水质数据见表5-9，出水水质数据见表5-10。

表5-9 进水水质数据

水质指标	COD_{Cr}/(mg·L^{-1})	BOD_5/(mg·L^{-1})	SS/(mg·L^{-1})
原水水质	380	120	180

表5-10 出水水质数据

水质指标	COD_{Cr}/(mg·L^{-1})	BOD_5/(mg·L^{-1})	SS/(mg·L^{-1})
出水水质	≤50	≤10	≤10

3. 设计内容及要求

（1）根据进出水的原始数据计算选用合理的构筑物。

（2）工艺流程设计方案的分析，包括各单体构筑物的工作原理及特点，运行参数的选择与设计，净化效率的影响因素等。

（3）各构筑物结构设计计算。

（4）管道系统设计，阻力计算，风机电机的选择。

（5）根据计算结果绘制设计图，系统图要标出构筑物、管件编号，并附明细表；平面布置图、剖面布置图若干张，以解释清楚为宜，最少4张A4纸大小的图，并包括系统流程图1张。另外，还需绘制单体构筑物三视图、平面布置图。

（6）设计工作任务及工作量的要求[包括课程设计计算说明书（论文）、图纸、实物样品等]：课程设计计算说明书1份，并按照规定格式打印装订；课程设计所需若干图纸，要求作图规范，A4纸打印；课程设计任务书。

4. 主要参考文献

[1]张自杰. 排水工程下册（第五版）[M]. 北京：中国建筑工业出版社，2015.

[2]崔玉川，马志毅，王效承，等. 废水处理工艺设计计算[M]. 北京：水利电力出版社，1994.

[3]高俊发，王社平. 污水处理厂工艺设计手册[M]. 北京：化学工业出版社，2005.

[4]孙力平. 污水处理新工艺与设计计算实例[M]. 北京：科学出版社，2001.

[5]北京水环境技术与设备研究中心,北京市环境保护科学研究院,国家环境城市污染控制工程技术研究中心.三废处理工程技术手册(废水卷)[M]. 北京:化学工业出版社,2000.

[6]陶俊杰,于军亭,陈振选.城市污水处理技术及工程实例(第二版)[M]. 北京:化学工业出版社,2005.

[7]杨岳平,徐新华,刘传富.废水处理工程及实例分析[M]. 北京:化学工业出版社,2003.

[8]冯生华.城市中小型污水处理厂的建设与管理[M]. 北京:化学工业出版社,2001.

[9]北京市市政工程设计研究总院.给水排水设计手册[M]. 北京:中国建筑工业出版社,2002.

[10]陈杰瑢,周琪,蒋文举. 环境工程设计基础[M]. 北京:高等教育出版社,2007.

[11]张晶,王秀花,王向举,等. 环境工程设计图集[M]. 北京:化学工业出版社,2017.

[12]戴友芝,肖利平,唐受印,等. 废水处理工程(第三版)[M]. 北京:化学工业出版社,2016.

5.设计成果形式及要求

(1)说明书装订顺序:说明书封面,任务书,目录,正文,参考文献,附图(本设计案例后省略)。

(2)说明书格式(省略)。

(3)设计图用A4纸规范打印,包括图框、明细表,平面布置图中要有方位标志(指北针)。

三、设计案例

以下为水污染控制工程设计案例(节选)。

1 概述

我国城镇经济发展的同时,也存在一些环境污染问题,其中比较突出的是城镇生活污水随意排放。城镇生活污水的处理效果欠佳,水质恶化的问题时刻影响着城镇居民的日常生活,这与实现我国经济、环境协调发展和可持续发展的战略相矛盾。

未经处理的城市污水任意排放,不仅会对水体产生严重污染,而且直接影响城市发展和生态环境。因此,在污水排入水体前必须对城市污水进行处理,而且工业废水排入城市排水管网时,必须符合一定的排放标准,最后流入管网的城市污水统一送至污水处理厂处理后排入水体。

综上,进行城镇生活污水的处理已经刻不容缓,优化城镇的排水系统和高效率进行生活污水的处理已经成为城镇居民和各级政府的关注焦点。为了消除城镇污水对城镇环境和居民生活带来的困扰,政府应该加大对城镇生活污水处理的扶持力度,根据各城镇污水水质的特点,选择合适的污水最佳处理工艺,争取以最低的成本最大化地降低城镇生活污水对环境和居民生活造成的危害。

2　设计要求

2.1　设计原则

(1)要符合适用的要求。要确保污水经处理后达到排放标准。考虑现实的技术和经济条件,以及当地的具体情况(如施工条件),在可能的基础上,选择的处理工艺流程、构(建)筑物形式、主要设备、设计标准和数据等,应最大限度地满足污水厂功能的实现,使处理后的污水符合水质要求。

(2)污水处理厂(站)采用的各项设计参数必须可靠。设计时必须充分掌握和认真研究各项自然条件,如水质水量资料、同类工程资料。按照工程的处理要求,全面分析各种因素,选择好各项设计数据,在设计中一定要遵守现行的设计规范,保证必要的安全系数。对新工艺、新技术、新结构和新材料的采用持积极、慎重的态度。

(3)污水处理厂(站)的设计必须符合经济要求。污水处理工程方案设计完成后,总体布置、单体设计及药剂选用等应尽可能采用合理措施降低工程造价和运行管理费用。

(4)污水处理厂(站)设计应当力求技术合理。在经济合理的原则下,必须根据需要,尽可能采用先进的工艺、机械和自控技术,但要确保安全可靠。

(5)污水处理厂(站)设计必须考虑安全运行的条件,如适当设置放空管、超越管线、沼气的安全储存装置等。

(6)污水处理厂(站)的设计必须注意近远期的结合,不宜分期建设的部分,如配水井、泵房及加药间等,其土建部分应一次建成;在无远期规划的情况下,设计时应为以后的发展留有挖潜和扩建的条件。

2.2　设计依据

(1)《室外排水设计标准》(GB 50014—2021);

(2)《污水综合排放标准》(GB 8978—1996);

(3)《城镇污水处理厂污染物排放标准》(GB 18918—2002);

(4)《污水排入城镇下水道水质标准》(GB/T 31962—2015);

(5)《给水排水设计手册》(北京市市政工程设计研究总院,中国建筑工业出版社,2000年)。

3　水质分析

3.1　进水水质

根据资料,进水水质数据见表5-11。

表5-11　进水水质数据

水质指标	$COD_{Cr}/(mg \cdot L^{-1})$	$BOD_5/(mg \cdot L^{-1})$	$SS/(mg \cdot L^{-1})$
原水水质	380	120	180

3.2　出水水质

出水水质数据见表5-12。

表 5-12　出水水质数据

水质指标	COD_{Cr}/(mg·L^{-1})	BOD_5/(mg·L^{-1})	SS/(mg·L^{-1})
出水水质	≤50	≤10	≤10

3.3　处理程度计算

COD_{Cr}去除率：

$$\eta = \frac{380-50}{380} \times 100\% = 87\%$$

BOD_5去除率：

$$\eta = \frac{120-10}{120} \times 100\% = 92\%$$

SS 去除率：

$$\eta = \frac{180-10}{180} \times 100\% = 94\%$$

3.4　污水概况分析

3.4.1　污水的平均处理量

污水的平均处理量：

$$Q = 40\ 000\ m^3/d = 0.46\ m^3/s = 460L/s$$

3.4.2　污水的最大处理量

污水的最大处理量：

$$Q_{max} = Q \times K_z = \frac{40\ 000 \times 1.38}{3600 \times 24} = 0.64(m^3/s) = 640(L/s) = 55\ 200(m^3/d)$$

总变化系数 K_z 取 1.38。

3.4.3　工艺选择

根据上述分析，污水设计流量为 40 000m^3/d。BOD_5和COD_{Cr}是污水生物处理过程中常用的两个水质指标，BOD_5/COD_{Cr}是判定污水可生化性的最简便易行和常用的方法。一般情况下，BOD_5/COD_{Cr}值大于 0.45 表示生化性好，0.3～0.45 表示生化性较好，0.25～0.3 表示较难生化，小于 0.25 表示不宜采用生化工艺。

本处理厂BOD_5/COD_{Cr}值为 0.32 表示生化降解性较好，本项目可以采用生化处理。

根据以上资料，结合实际中污水的污染物概况，得出本次设计的进水水质、出水指标及经处理后污染物的去除率，其中出水执行《城镇污水处理厂污染物排放标准》(GB 18918—2002)中的一级 A 标准。

由进、出水水质及去除率可知，污水处理厂主要以去除有机物、悬浮物、氮、磷为主。查阅相关资料可知，污水二级强化处理即生物脱氮除磷处理工艺，出水的 SS、COD、BOD_5和 TP 可以达到《城镇污水处理厂污染物排放标准》(GB 18918—2002)中的一级 B 标准，但达不到本工程的去除率要求。要求全部达到一级 A 类的标准，所以本项目选择建设从预处理到三级处理的工艺。

3.4.4 工艺方案原则

(1)技术合理。技术先进且成熟,对水质变化适应性强,因为项目所在地污水量昼夜变化大,造成水质波动较大,处理工艺应具有较强的适应冲击负荷的能力;出水达标且稳定性高,满足受纳水体对排水水质的要求,污泥易于处理。选择的处理工艺应确保出水水质满足国家和地方现行的有关规定,符合环境影响评价报告的要求。

(2)经济节能。基建投资和运行费用低,占地少。

(3)易于管理。工艺流程须简洁流畅,以降低工程造价及运行费用,操作管理方便,设备可靠。要求管理简单、运行稳定、维修方便。这对于小城市尤为重要,因为小城市往往技术力量比较薄弱。

(4)重视环境。总平面布置力求流程顺畅,合理紧凑,减小占地面积,土方平衡并考虑防洪、预留远期处理用地。厂区平面布置与周围环境相协调,注意厂内噪声控制和臭气的治理,绿化、道路与分期建设结合好。

(5)采用以生物方法为主体的处理工艺,在生物处理构筑物中,去除大部分的污染物。

(6)除磷、脱氮效果好,运行稳定。

4 工艺设计

污水处理工艺流程见图5-1,各处理工艺的构成及功能见表5-13。

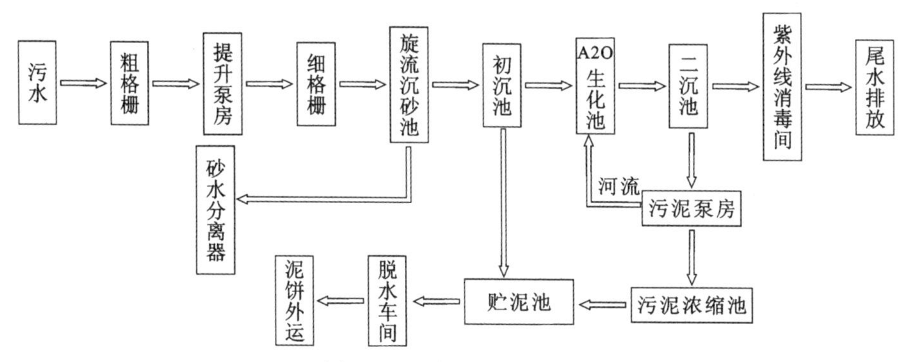

图5-1 污水处理工艺流程

表5-13 各处理工艺的构成及功能一览表

名称	构成	功能
格栅	栅槽、闸阀	拦截污水中大块的悬浮固体和杂质
提升泵房	集水池、污水提升泵	将废水提至后续流程所需的高度,使污水实现重力流
旋流沉砂池	沉砂池池体,砂水分离器	去除污水中密度较大的砂粒,保护后续设施及管道,以免堵塞或磨损
初沉池	平流沉淀池	去除悬浮固体中的可沉固体物质,降低水中污染负荷

续表 5-13

名称	构成	功能
A2O 生化池	生物选择区、兼氧区、主反应区	利用微生物的代谢作用降解污水中的有机物，同时去除氮、磷
消毒池	紫外线杀菌器	杀灭污水中的细菌
污泥处理设施	贮泥池、污泥浓缩脱水机	贮泥池贮存来自 A2O 生化池的污泥，浓缩脱水机通过重力及压滤降低污泥的含水率，达到减小污泥体积的效果

5 主要构筑物及工艺

5.1 粗格栅

格栅是由一组平行的金属栅条制成的框架，斜置在污水流经的渠道上，或泵站集水井的井口处，用以截阻大块的呈悬浮或漂浮状态的污物。在污水处理流程中，格栅是一种对后续处理构筑物或泵站机组具有保护作用的处理设备。

格栅分为粗格栅(50～100mm)、中格栅(10～40mm)、细格栅(1.5～10mm)3 种，过栅流速一般采用 0.6～1.0m/s，角度 60°～90°。

栅条间隙数 n：

$$n=\frac{Q_{max}\sqrt{\sin\alpha}}{bhv}$$

式中：Q_{max} 为最大设计流量(m^3/s)；b 为栅条间隙(m)，取 $b=0.05m$；h 为栅前水深(m)，取 $h=4.25m$，格栅水深 0.75m；v 为过栅流速(m/s)，取 0.8m/s；α 为取 70°。

则 $n=\frac{Q_{max}\sqrt{\sin\alpha}}{bhv}=\frac{0.64\times\sqrt{\sin 70^\circ}}{0.05\times 0.75\times 0.8}=20.68$(根)(取 21 根)。

有效栅宽 B 为

$$B=S(n-1)+bn$$

式中：S 为栅条宽度(m)，取 0.01。

则 $B=S(n-1)+bn=0.01\times(21-1)+0.05\times 21=1.25$(m)。

过栅水头损失为

$$h_1=kh_0$$

$$h_0=\xi\times\frac{v^2}{2g}\times\sin\alpha$$

式中：h_1 为过栅水头损失(m)；h_0 为计算水头损失(m)；ξ 为阻力系数，其值与栅条的断面几何形状有关，设栅条断面为锐边矩形断面，β 取 2.42；k 为系数，格栅受污物堵塞后，水头损失增大倍数一般采用 3；g 为重力加速度，9.81m/s²。

$$\xi=\beta\left(\frac{s}{b}\right)^{\frac{4}{3}}=2.42\times\left(\frac{0.01}{0.05}\right)^{\frac{4}{3}}=0.283$$

$$h_1=kh_0=k\xi\times\frac{v^2}{2g}\times\sin\alpha=3\times 0.283\times\frac{0.8^2}{2\times 9.81}\times\sin 70^\circ=0.03(m)$$

栅后槽的总高度 H 为

$$H = h + h_1 + h_2$$

式中:h_2 为栅前渠道超高(m),取 0.3m。

则 $H = h + h_1 + h_2 = 0.75 + 0.03 + 0.3 = 1.08$(m)。

格栅总长度 L 为

$$L = L_1 + L_2 + 0.5 + 1.0 + \frac{H_1}{\tan\alpha}$$

式中:L_1为进水渠道渐宽部位的长度(m),渐宽部分展开角度取 20°;L_2为格栅槽与出水渠道连接处的渐窄部分长度(m);H_1为格栅前槽高(m),$H_1 = h + h_2 = 0.75 + 0.3 = 1.05$(m);$B_1$为进水池宽(m),设为 0.9。

$$L_1 = \frac{B - B_1}{2\tan\alpha_1} = \frac{1.25 - 0.9}{2 \times \tan 20^\circ} = 0.48\text{(m)}$$

$$L_2 = 0.5L_1 = 0.24\text{(m)}$$

则 $L = L_1 + L_2 + 0.5 + 1.0 + \frac{H_1}{\tan\alpha} = 0.48 + 0.24 + 0.5 + 1.0 + \frac{1.05}{\tan 70^\circ} = 2.60$(m)。

每日栅渣量 W 为

$$W = \frac{Q_{max} \times W_1 \times 86\ 400}{K_z \times 1000}$$

式中:W_1为单位体积污水栅渣量[$m^3/(10^3 m^3$ 污水)],取 $0.01 \sim 0.1 m^3/10^3 m^3$,粗格栅用小值,细格栅用大值,中格栅用中值;$K_z$为污水流量总变化系数。

则 $W = \frac{Q_{max} \times W_1 \times 86\ 400}{K_z \times 1000} = \frac{0.64 \times 0.01 \times 86\ 400}{1.38 \times 1000} = 0.40(m^3/d) > 0.2m^3/d$,故采用机械清渣。

(1)计算草图见图 5-2。

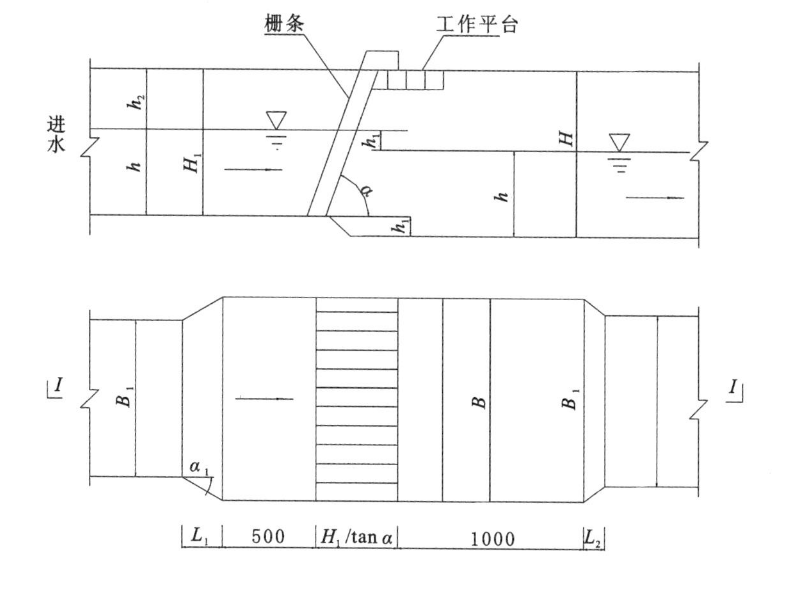

图 5-2 计算草图

(2)格栅除污机的选择。

根据计算,可选用正靶回转式格栅除污机,主要技术参数见表5-14。

表 5-14 正靶回转式格栅除污机技术参数

栅条间隙/mm	池深等级	栅宽/mm	安装角度/(°)	排栅门高度/mm
10～50	中等深度	800～2000	60～90	800

5.2 提升泵房

提升泵房能够提高污水的水位,保证污水在整个污水处理过程中流过,从而达到污水的净化。

5.2.1 流量设计

当流量小于 $2m^3/s$ 时,常选用下圆上方形泵房。

本设计 $Q_{max}=0.46m^3/s$,故选用下圆上方形泵房。

(1)污水进入污水厂的标高为−5m,过格栅的损失为0.003m,设计流量 $Q=460L/s$,则集水池正常水位=−5+0.003=−4.997(m)。

(2)出水口距离泵房50m,出水口水面4m。

(3)集水池底标高−7.03m。

(4)泵房标高0m。

5.2.2 水泵选择

设计水量 $5000m^3/d$,选用4台排污泵(3用1备)。$Q_单=Q_{max}/3=0.153m^3/s$。所需扬程为10.56m,选择250WL立式排污泵。排污泵参数见表5-15。

表 5-15 排污泵参数

排出口径/mm	流量/($m^3\cdot h^{-1}$)	扬程/m	转速/($r\cdot min^{-1}$)	功率/kW	效率/%	质量/kg	进水口径/mm
250	750	12	735	32	77	1200	300

(1)选泵前扬程的估算。集水池正常水位与出水口水位差:4−(−4.997)=8.997(m)。

①出水管水头损失:按每台有单独的出管口计:$Q=200L/s$,选用管径为DN400的铸铁管。查《给水排水设计手册》可知:$v=1.19m/s$,$1000i=5.04$。

a. 出水管水头损失。沿程损失:(50+6)×0.005 04=0.282 24(m)。局部损失按沿程损失的30%计算:0.3×0.282 24=0.084 7(m)。

b. 吸水管水头损失。沿程损失:4.999 7×0.005 04=0.025 2(m)。局部损失按沿程损失的30%为:0.3×0.025 2=0.007 6(m)。

②总扬程:$H=0.007\,6+0.025\,2+0.282\,24+0.084\,7+8.997=9.397$(m)。

(2)选泵。假设选用泵的扬程为12m,查手册可知,可采用250WL600-15型立式排污泵。

(3)总扬程核算。①吸水管:无底阀滤水网DN=400,$\xi=3$;90°铸铁弯头4个,DN400,$\xi=0.6$;偏心渐缩管DN400×dn300,$\xi=0.18$。$h_1=0.005\,04\times4.976+(3+4\times0.6+0.18)\times(1.19)^2/(2\times9.81)=0.428$。②出水管:偏心渐宽管dn300×DN400,$\xi=0.13$。90°弯头

DN400(4个),$\xi=0.48$。90°弯头DN400(4个),$\xi=0.3$。活门,$\xi=1.7$(开启70°)。$h_2=(50+6)\times0.005\ 04+(0.13+0.48\times4+1.7+0.3\times4)\times(1.19)^2/(2\times9.81)=0.639\ 5$,$H=h_1+h_2+h_3+H_1+H_2=0.428+0.639\ 5+0.5+8.997=10.56(\mathrm{m})<12\mathrm{m}$。符合所选泵,故可选择250WL600-15型立式排污泵。

5.2.3 集水池

(1)容积。采用1台泵,相当于6min的容量:$W=154\times60\times6/1000=55.44(\mathrm{m}^3)$,池底坡度为$i=0.2$,倾向集水坑。

(2)面积。$H_{有效}=2\mathrm{m}$,则面积$F=55.44/2=27.72(\mathrm{m}^2)$。故集水池的尺寸为3.15m×2.50m×7.03m。

5.3 细格栅(设1座)

(1)栅条间隙数:$n=\dfrac{Q_{\max}\sqrt{\sin\alpha}}{bhv}=\dfrac{0.64\times\sqrt{\sin70^\circ}}{0.01\times0.75\times0.8}=103.4$(根)(取104根)。栅槽宽度$B=S(n-1)+bn=0.01\times(104-1)+0.01\times104=2.07(\mathrm{m})$。

过栅水头损失:

$$h_1=kh_0$$

$$h_0=\xi\times\frac{v^2}{2g}\times\sin\alpha$$

式中:h_1为过栅水头损失(m);h_0为计算水头损失(m);ξ为阻力系数,其值与栅条的断面几何形状有关,设栅条断面为锐边矩形断面,β取2.42;k为系数,格栅受污物堵塞后,水头损失增大倍数,一般采用3。

$$h_1=kh_0=k\xi\times\frac{v^2}{2g}\times\sin\alpha=3\times2.42\times\frac{0.8^2}{2\times9.81}\times\sin70^\circ=0.22(\mathrm{m})$$

其中,$\xi=\beta\left(\dfrac{s}{b}\right)^{\frac{4}{3}}=\left(\dfrac{0.01}{0.01}\right)^{\frac{4}{3}}=2.42\times1=2.42$。

(2)栅后槽的总高度H。

$$H=h+h_1+h_2$$

式中:h_2为栅前渠道超高(m),取0.3m。

则$H=h+h_1+h_2=0.75+0.22+0.3=1.27(\mathrm{m})$。

(3)格栅总长度L:

$$L_1=\frac{B-B_1}{2\tan\alpha_1}=\frac{2.07-0.9}{2\times\tan20^\circ}=1.60(\mathrm{m})$$

$$H_1=h+h_2=0.75+0.3=1.05(\mathrm{m})$$

$$L=L_1+L_2+0.5+1.0+\frac{H_1}{\tan\alpha}=1.60+0.80+0.5+1.0+\frac{1.05}{\tan70^\circ}=4.28(\mathrm{m})$$

(4)每日栅渣量W:

$$W=\frac{Q_{\max}\times W_1\times86\ 400}{K_z\times1000}=\frac{0.64\times0.1\times86\ 400}{1.38\times1000}=4.00(\mathrm{m}^3/\mathrm{d})>0.2(\mathrm{m}^3/\mathrm{d})$$

故采用机械清渣。

(5)细格栅草图见图5-3。

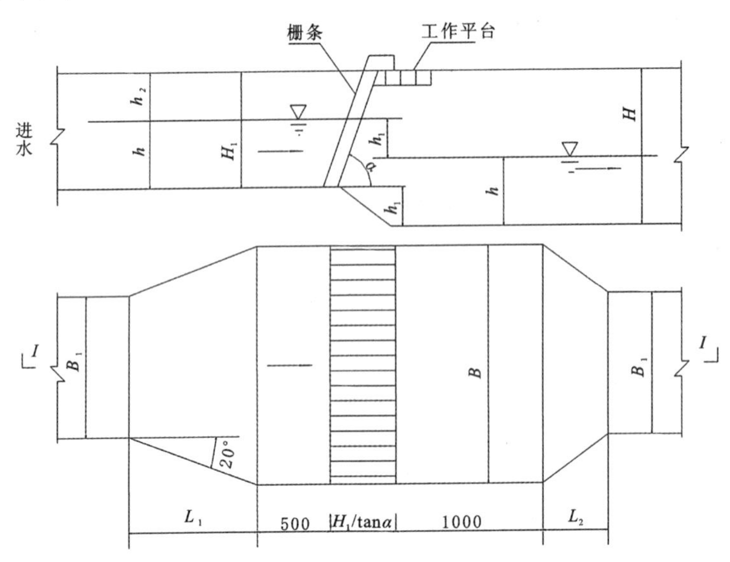

图5-3 细格栅草图

(6)格栅除污机的选择。根据计算,可选用云南电力修造厂江苏一环集团公司生产的转刷网箅式格栅除污机,主要技术参数见表5-16。

表5-16 格栅除污机技术参数

每米深过水流量/($m^3 \cdot h^{-1}$)	网毛刷转速/($r \cdot min^{-1}$)	安装角度	电动机功率/kW	格栅间距/mm
0.89	17.9	70°～80°	2.2～5.5	10

5.4 沉砂池

(1)沉砂池的设计与选用见表5-17。综合去除率和处理厂的长期运行等因素,本设计采用旋流沉砂池。旋流沉砂池利用水力涡流使泥砂和有机物分开,加速砂粒的沉淀,以达到除砂目的。本设计选用钟式旋流沉砂池,具有占地面积小、除砂效率高、操作环境好、设备运行可靠等特点。

表5-17 沉砂池的设计与选用

类型	优点	缺点
平流沉砂池	构造简单,截流无机颗粒效果较好	沉砂的后续处理有难度
竖流沉砂池	易去除大颗粒	污水自上而下进入池内,无机物颗粒由于重力沉于池底,处理效果一般较差
曝气沉砂池	通过调节曝气量,可以控制污水的旋流速度,使除砂效率较稳定,受流量变化影响小,同时还对污水起到预曝气作用	对于有生物除磷脱氮设计的污水处理工艺,为了保证处理效果,一般不推荐采用曝气沉砂池
旋流沉砂池	利用机械力控制流态和流速,加速砂粒的沉淀,有机物则被留在污水中,沉砂效果好,节省占地面积	专利及关键设备均要从国外引进

(2)设计参数和要点。水力表面负荷不大于200m³/(m²·h)(单位表面积在单位时间内所处理的水量)。最大设计流量时的停留时间不小于30s。有效水深1～2m,池径与池深比为2.0～2.5m。

(3)进水渠道流速。在最大流量的40%～80%的情况下为0.6～0.9m/s,在最小流量时大于0.15m/s,在最大流量时不大于1.2m/s。进水渠道直段长度应为渠宽的7倍,并不小于4.5m。出水渠道与进水渠道的夹角大于270″,以最大限度地延长水流在沉砂池内的停留时间,达到除砂的目的。单位污水量沉淀的悬浮沉砂量:$X=30\text{m}^3/10^6\text{m}^3$。

(4)规格选择。设有2座旋流沉砂池,则 $Q_1=\dfrac{Q\times K_z}{2}=1150(\text{m}^3/\text{h})$。选用XLCS-1260型号的钟式沉砂池(表5-18)。

表5-18 钟式沉砂池池体参考尺寸

<table>
<tr><th>型号
XLCS-1260</th><th>流量/
(m·h⁻¹)</th><th>A/m</th><th>B/m</th><th>C/m</th><th>D/m</th><th>E/m</th><th>F/m</th><th>G/m</th><th>H/m</th><th>J/m</th><th>K/m</th><th>L/m</th></tr>
<tr><td>180</td><td>180</td><td>1.83</td><td rowspan="4">1.0</td><td>0.30</td><td>0.61</td><td rowspan="4">0.3</td><td>1.40</td><td>0.30</td><td>0.30</td><td>0.20</td><td rowspan="9">0.80</td><td>1.10</td></tr>
<tr><td>360</td><td>396</td><td>2.13</td><td>0.38</td><td>0.76</td><td>1.40</td><td>0.30</td><td>0.30</td><td>0.30</td><td>1.10</td></tr>
<tr><td>720</td><td>648</td><td>2.43</td><td>0.45</td><td>0.90</td><td>1.35</td><td>0.40</td><td>0.30</td><td>0.40</td><td>1.15</td></tr>
<tr><td>1080</td><td>1116</td><td>3.05</td><td>0.61</td><td>1.20</td><td>1.35</td><td>0.45</td><td>0.30</td><td>0.45</td><td>1.35</td></tr>
<tr><td>1260</td><td>1908</td><td>3.65</td><td rowspan="5">1.5</td><td>0.75</td><td>1.50</td><td rowspan="5">0.4</td><td>1.55</td><td>0.60</td><td>0.51</td><td>0.58</td><td>1.45</td></tr>
<tr><td>3240</td><td>3168</td><td>4.87</td><td>1.00</td><td>2.00</td><td>1.70</td><td>1.00</td><td>0.51</td><td>0.60</td><td>1.85</td></tr>
<tr><td>4680</td><td>4752</td><td>5.48</td><td>1.10</td><td>2.20</td><td>2.20</td><td>1.00</td><td>0.61</td><td>0.63</td><td>1.85</td></tr>
<tr><td>6300</td><td>6300</td><td>5.80</td><td>1.20</td><td>2.40</td><td>2.20</td><td>1.30</td><td>0.75</td><td>0.70</td><td>1.95</td></tr>
<tr><td>7200</td><td>7920</td><td>6.10</td><td>1.20</td><td>2.40</td><td>2.50</td><td>1.30</td><td>0.89</td><td>0.75</td><td>1.95</td></tr>
</table>

(5)数据校核。①表面负荷:$q=\dfrac{4\times Q_1}{3.14\times A^2}=\dfrac{4\times 1150}{3.14\times 3.65^2}=109.96[\text{m}^3/(\text{m}^2\cdot\text{h})]$。

②停留时间。沉砂区体积:

$$\begin{aligned}V&=3.14\times A^2\times J/4+3.14G\times(A^2+AB+B^2)/12\\&=3.14\times3.65^2\times0.58/4+3.14\times0.6\times(3.65^2+3.65\times1.5+1.5^2)/12\\&=9.37\ (\text{m}^3)\end{aligned}$$

停留时间:$T=\dfrac{3600\times V}{Q_1}=\dfrac{3600\times 9.37}{1150}=29.33\text{s}<30\text{s}$。

调整水深 $J=0.8\text{m}$,则此时:

$$\begin{aligned}V&=3.14\times A^2\times J/4+3.14G\times(A^2+AB+B^2)/12\\&=3.14\times3.65^2\times\frac{0.8}{4}+3.14\times0.6\times\frac{3.65^2+3.65\times1.5+1.5^2}{12}\\&=11.67(\text{m}^3)\end{aligned}$$

调整后：$T=\frac{3600\times V}{Q_1}=\frac{3600\times 11.67}{1150}=36.53\text{s}>30\text{s}$。

③进水渠流速：$V=\frac{Q_1}{3600\times C\times H}=\frac{1150}{3600\times 0.75\times 0.51}=0.84(\text{m/s})$。

④出水渠流速：$V=\frac{Q_1}{3600\times C\times H}=\frac{1150}{3600\times 1.5\times 0.51}=0.42(\text{m/s})$。

(6)排砂方法。旋流沉砂池排砂有三种方式：第一种是用砂泵直接从砂斗底部经吸水管排出；第二种是用空气提升器，即在浆板传动轴中插入一空气提升器；第三种是在传动轴中插入砂泵，泵及电机设在沉砂池顶部。本设计采用空气提升器排砂，该提升装置由设备厂家与浆叶分离机成套供应。城镇污水的沉砂量按 $30\text{m}^3/10^6\text{m}^3$ 污水计算，则总砂量为 $1.2\text{m}^3/\text{d}$。选用 LSF-260 型号的砂水分离器，其各参数见表 5-19。

表 5-19 LSF-260 型砂水分离器主要技术参数

型号	螺旋直径/mm	处理量/($\text{L}\cdot\text{s}^{-1}$)	安装角度/(°)	功率/kW
LSF-260	260	5～12	25	0.37

5.5 初沉池

城镇会将处理后的工业废水排放到污水处理厂集中处理，故工艺设计中采用了初沉池。经过比较选定了平流式沉淀池，主要去除悬浮固体中的可沉固体物质；在可沉淀物质沉淀的过程中，悬浮物质中一小部分不可沉淀的漂浮物质(约 10%)会黏附在絮体上一起沉淀下去。另外，大部分漂浮物质也将在初沉池内漂浮在污水表面作为浮渣去除，沉下去的物质作为污泥通过刮泥机排入污泥斗中被排出，以降低水中的污染负荷。此外，采用链带式刮泥机刮泥。

(1)设计要点。①池子的超高至少采用 0.3m；②沉淀池的缓冲层高度一般采用 0.3～0.5m；③初次沉淀池的污泥区容积一般按不大于 2d 的污泥量计算，采用机械排泥时，可按 4h 污泥量计算；④初次沉淀池应设置撇渣设施；⑤池子的长宽比不小于 4，以 4～5 为宜；⑥池子的长深比不小于 8，以 8～12 为宜；⑦池底纵坡：采用机械刮泥时，不小于 0.005，一般采用 0.01～0.02；⑧按表面负荷计算时，应对水平流速进行校核，初次沉淀池的最大水平流速为 7mm/s；⑨表面水力负荷一般为 $1.5\sim3.0\text{m}^3/(\text{m}^2\cdot\text{h})$。

(2)池子总表面积：

$$A=\frac{Q_{max}}{q}=\frac{2300}{2.0}=1150(\text{m}^2)$$

此处 q 取 $2.0\text{m}^3/(\text{m}^2\cdot\text{h})$。

(3)沉淀部分有效水深：

$$h_2=qt=2\times1.5=3(\text{m})$$

式中：h_2 为沉淀池有效水深(m)，多采用 2～4m；t 为沉淀时间(h)，一般取 0.5～2.0h，此处取 1.5h。

(4)沉淀区有效容积 V：

$$V=Q_{max}\times t=2300\times1.5=3450(\text{m}^3)$$

(5)池长：

$$L = 3.6vt = 3.6 \times 6 \times 1.5 = 32.4(\mathrm{m})$$

式中:V 为最大设计流量时的水平流速(mm/s),取 6mm/s。

(6)池子总宽度：

$$B = \frac{A}{L} = \frac{1150}{32.4} = 35.49(\mathrm{m})$$

(7)校对长宽比和长深比：$\frac{L}{h_2} = \frac{32.4}{3} = 10.8$，介于 8～12 之间，符合要求。沉淀池的数量分六格，每格 b=35.49/6=5.915(m)，取两格为一座沉淀池 $\frac{L}{b} = \frac{32.4}{5.92} = 5.47 > 4$，符合要求。池子座数为 3。

(8)污泥部分需要的总容积：

$$V = \frac{SNT}{1000} = \frac{0.5 \times 15 \times 10^4 \times 2}{1000} = 150(\mathrm{m}^3)，即每格\ 150/6=25(\mathrm{m}^3)$$

式中:V 为污泥部分所需容积(m^3);S 为每人每日污泥量[L/(人·d)]，一般采用 0.3～0.8L/(人·d);N 为设计人口(人);T 为两次清除污泥的间隔时间(d)。

取 S=20g/d,N=10 万,T=2d,含水率为 96%：

$$S = \frac{20}{1000 \times (1 - 96\%)} = 0.5[\mathrm{L}/(\mathrm{h} \cdot \mathrm{d})]$$

(9)污泥斗容积(每格两个，方斗)。本设计中，污泥上口采用 4000mm×4000mm，污泥斗底采用 500mm×500mm。污泥斗斜壁与水平面的夹角为 60°。则污泥斗高度：

$$h_4 = \frac{4 - 0.5}{2} \times \tan 60° = 3.03(\mathrm{m})$$

$$V_1 = \frac{1}{3} h_4 (L_1^2 + L_2^2 + \sqrt{L_2^2 + L_1^2}) = \frac{3.03}{3} \times (16 + 0.25 + \sqrt{16 + 0.25}) = 22.34(\mathrm{m}^3)$$

(10)污泥斗以上梯形部分污泥容积：

$$V_2 = \frac{L_1 + L_2}{2} h_4' b = \frac{4 + 0.5}{2} \times 0.36 \times 5.92 = 4.8(\mathrm{m}^3)$$

(11)污泥斗和梯形部分污泥容积：

$$V_1 + V_2 = 22.34 + 4.8 = 27.14(\mathrm{m}^3)$$

(12)池子总高度。取坡向泥斗底板 $\alpha = 0.01$，则梯形的高度 $h_4' = 0.01 \times (32.4 + 4 - 0.5) = 0.36(\mathrm{m})$。取沉淀池超高 $h_1 = 0.3\mathrm{m}$，缓冲层高度 $h_3 = 0.5\mathrm{m}$，则

$$H = h_1 + h_2 + h_3 + h_4 + h_4' = 0.3 + 3 + 0.5 + 3.03 + 0.36 = 7.19(\mathrm{m})$$

(13)污泥区计算。污泥量为：

$$W = \frac{Q_{\max}(C_0 - C_1) \times 100 \times T}{\gamma(100 - p)} = \frac{55\,200 \times 90 \times 100}{1000 \times 1000 \times 4} = 124.2(\mathrm{m}^3)$$

设污泥含水率为 96%，γ=1000kg/m³(污泥密度)，采用重力排泥，T 取 1d,C_0=180mg/L，初沉池的去除率按 50%计算，则 $C_1 = 180 \times (1 - 50\%) = 90\mathrm{mg/L}$。

5.6 A2O生化池

A2O处理工艺是厌氧—缺氧—好氧生物脱氮除磷工艺的简称，A2O工艺是在厌氧—好氧除磷工艺的基础上开发出来的，该工艺同时具有脱氮除磷的功能。A2O工艺的特点：厌氧、缺氧、好氧三种不同的环境条件和不同种类的微生物菌群的有机配合，同时具有去除有机物、脱氮除磷功能；在同时脱氮除磷、去除有机物的工艺中，该工艺流程最为简单，总的水力停留时间也少于同类其他工艺。在厌氧—缺氧—好氧交替运行下，丝状菌不会大量繁殖，SVI一般小于100，不会发生污泥膨胀。污泥中含磷量高，一般在2.5%以上。

5.6.1 设计最大流量

设计最大流量：$Q_{max}=55\ 200m^3/d=2300m^3/h=0.639m^3/s$。

5.6.2 设计参数计算

(1)BOD5污泥负荷：$N=0.2$kgBOD5/(kgMLSS·d)(0.15～0.70)。

(2)回流污泥浓度：$X_R=10\ 000$mg/L。

(3)污泥回流比：$R=50\%$(50%～100%)。

(4)混合液悬浮固体浓度(污泥浓度)：$X=\frac{R}{1+R}X_R=\frac{0.5}{1+0.5}\times 10\ 000=3\ 333.3(mg/L)$。

5.6.3 A2O曝气池计算

(1)反应池容积：$V=\frac{QS_0}{NX}=\frac{55\ 200\times 180}{0.20\times 3\ 333.3}=14\ 905(m^3)$。

(2)反应水力总停留时间：$t=\frac{V}{Q}=\frac{14\ 905}{55\ 200}=0.27(d)=6.5(h)$。

(3)各段水力停留时间和容积。

厌氧停留时间(1.0～2.0h)，缺氧停留时间(0.5～2.0h)，好氧停留时间(3.5～6.0h)，厌氧：缺氧：好氧=1：1：4。厌氧池停留时间：$t=\frac{1}{6}\times 6.5=1.08(h)$，池容$V=\frac{1}{6}\times 14\ 905=2\ 484.2(m^3)$；缺氧池停留时间：$t=\frac{1}{6}\times 6.5=1.08(h)$，池容$V=\frac{1}{6}\times 14\ 905=2\ 484.2(m^3)$；好氧池停留时间：$t=\frac{4}{6}\times 6.5=4.33(h)$，池容$V=\frac{4}{6}\times 14\ 905=9\ 936.7(m^3)$。

(4)剩余污泥量：

$$\Delta X=P_X+P_S=YQ(S_o-S_e)-K_dVX_V+fQ(SS_o-SS_e)$$

式中：ΔX为剩余污泥量(kgSS/d)；V为生物反应池的容积(m^3)；Y为污泥产率系数(kgVSS/kgBOD_5)，20℃时为0.4～0.8；Q为设计平均日污水量(m^3/d)；S_o为生物反应池进水五日生化需氧量(kg/m^3)；S_e为生物反应池出水五日生化需氧量(kg/m^3)；K_d为衰减系数(d^{-1})；X_V为生物反应池内混合液挥发性悬浮固体平均浓度(gMLVSS/L)；f为SS的污泥转换率，宜根据实验资料确定，无实验资料时可取0.5～0.7(gMLSS/gSS)；SS_o为生物反应池进水悬浮物浓度(kg/m^3)；SS_e为生物反应池出水悬浮物浓度(kg/m^3)。

取污泥增值系数$Y=0.5$，污泥自身氧化率$K_d=0.05$(0.05～0.10)，SS的污泥转换率$f=0.5$，代入公式得：

$$P_X = 0.5 \times 40\,000 \times (0.12 - 0.01) - 0.05 \times 14\,905 \times 3.3 \times 0.75 = 356(\text{kg/d})$$

$$P_S = 0.5 \times 40\,000 \times (0.18 - 0.01) = 3400(\text{kg/d})$$

则

$\Delta X = P_X + P_S = 356 + 3400 = 3756(\text{kg/d})$

设污泥含水率 P=99.2%(99.2%～99.6%)，则剩余污泥量为：

$$Q_S = \frac{\Delta X}{(1-P)\times 100\%} = \frac{3756}{(1-0.992)\times 1000} = 469.5(\text{kg/d}) = 19.6(\text{m}^3/\text{h})$$

(5)反应池主要尺寸。反应池总容积:V=14 905m^3。

设有反应池2组，单组池容积 $V_{单}=V/2=7453(\text{m}^3)$。廊道式生物反应池的池宽与有效水深之比宜采用1∶1～2∶1。有效水深应结合流程设计、地质条件、供氧设施类型和选用风机压力等因素确定，一般可采用4.0～6.0m，取5m，则 $S_{单}=V_{单}/5=1491(\text{m}^2)$。生物反应池的超高，当采用鼓风曝气时为0.5～1.0m，取超高1.0m。则反应池总高 $H=5.0+1.0=6.0(\text{m})$。设厌氧池1廊道，缺氧池1廊道，好氧池4廊道，共6条廊道。廊道宽5m。则每条廊道长度为：$L=\frac{S}{bn}=\frac{1491}{5\times 6}=49.7(\text{m})$，取50m。尺寸校核：$\frac{L}{b}=\frac{50}{5}=10$，$\frac{b}{h}=\frac{5}{5}=1$。查《污水生物处理新技术》，长比宽在5～10之间，宽比高在1～2之间，可见长、宽、深皆符合要求。

5.6.4　反应池进、出水系统计算

(1)进水管。单组反应池进水管设计流量:$Q_1=Q_{max}/2=0.639/2=0.319\,5(\text{m}^3/\text{s})$。

管道流速:$v=1.0\text{m/s}$。管道过水断面面积:$A=Q_1/v=0.319\,5(\text{m}^2/\text{s})$。管径:$d=\sqrt{(4A/\pi)}=0.64(\text{m})$。取进水管管径为DN650mm。

(2)回流污泥管。单组反应池回流污泥管设计流量:$Q_R=R\times Q_1=1\times 0.319\,5=0.319\,5(\text{m}^3/\text{s})$。设管道流速:$v_1=0.85(\text{m/s})$。管道过水断面面积:$A_1=Q_R/v_1=0.319\,5/0.85=0.376(\text{m}^2)$；管径:$d=\sqrt{(4A_1/\pi)}=0.692(\text{m})$。取出水管径DN800mm。

(3)出水管。单组反应池出水管设计流量:$Q=0.639\text{m}^3/\text{s}$。设管道流速:$V_2=0.8\text{m/s}$。管道过水断面面积:$A=Q_R/v_2=0.639/0.8=0.80(\text{m}^2)$。管径:$d=\sqrt{(4A/\pi)}=1.01(\text{m})$。

5.6.5　曝气系统设计计算

(1)需氧量计算。去除含碳污染物时，去除每千克五日生化需氧量可采用0.7～1.2kg氧气。取1.0$\text{kgO}_2/\text{kgBOD}_5$。$\text{AOR}=1.0Q(S_0-S_e)=1.0\times 2300\times(0.18-0.01)=391(\text{kg O}_2/\text{h})$。

(2)标准需氧量。采用鼓风曝气，微孔曝气器。曝气器敷设于池底，距池底0.2m，淹没深度 H=4.3m，氧转移效率 E_A=20%，计算温度 T=25℃，将实际需氧量AOR换算成标准状态下的需氧量SOR：

$$\text{SOR} = \frac{\text{AOR}\times C_{sb(20)}}{\alpha(\beta\rho C_{sb(T)} - C_L)\times 1.024^{(T-20)}}$$

式中:α 为 K_{La} 修正系数，即污水中的 K_{La} 与清水中的 K_{La} 的比值，取值为0.85；β 为氧饱和浓度修正系数，β 为污水中的 C_{sb} 与清水中的 C_{sb} 的比值，取值为0.95；ρ 为气压修正系数，ρ 所在地区实际气压/1.013×10^5，取值为1；C_L 为曝气池内的平均溶解氧，取 C_L=2mg/L(2～3)。

查得，30℃和25℃时，水中饱和溶解氧浓度值为:$C_{S(20)}=9.17\text{mg/L}$；$C_{S(25)}=7.63\text{mg/L}$。

空气扩散器出口处的绝对压力：

$$P_b = 1.013 \times 10^5 + 9800H = 1.013 \times 10^5 + 9800 \times 4.3 = 1.434 \times 10^5 (\mathrm{Pa})$$

空气离开曝气池池面时，氧的百分比：

$$O_t = \frac{21(1-E_A)}{79+21(1-E_A)} \times 100\% = \frac{21 \times (1-0.20)}{79+21 \times (1-0.20)} \times 100 = 17.54\%$$

曝气池混合液中平均氧饱和度：

$$C_{sb(25)} = C_{S(25)}\left(\frac{P_b}{2.066 \times 10^5} + \frac{O_t}{42}\right) = 7.63 \times \left(\frac{1.434 \times 10^5}{2.066 \times 10^5} + \frac{17.54}{42}\right) = 9.316(\mathrm{mg/L})$$

最大时需氧量为：

$$\begin{aligned} SOR_{max} &= \frac{\mathrm{AOR} \times C_{S(20)}}{\alpha(\beta\rho C_{sb(T)} - C_L) \times 1.024^{(T-20)}} \\ &= \frac{391 \times 9.17}{0.85 \times (0.95 \times 1 \times 9.316 - 2) \times 1.024^{25-20}} \\ &= 547(\mathrm{kg\ O_2/h}) \end{aligned}$$

鼓风曝气时，可按下列公式将标准状态下污水需氧量换算为标准状态下的供气量：

$$G_S = \frac{O_S}{0.28E_A}$$

式中：G_S为标准状态下供气量(m^3/h)；0.28为标准状态(0.1MPa、20℃)下的每立方米空气中含氧量(kgO_2/m^3)；O_S为标准状态下，生物反应池污水需氧量(kgO_2/h)；E_A为曝气器氧的利用率，以百分数计。

好氧反应池最大时供气量为：

$$G_{Smax} = \frac{\mathrm{SOR_{max}}}{0.28\,E_A} = \frac{547}{0.28 \times 0.20} = 9768(\mathrm{m^3/h})$$

(3)所需空气压力：

$$p = (h_1 + h_2 + h_3 + h_4 + \Delta h) \times 9.81 = (0.2 + 4.3 + 0.4 + 0.5) \times 9.81 = 53.0(\mathrm{kPa})$$

式中：$h_1 + h_2 = 0.2(\mathrm{m})$，即供风管道沿程与局部阻力之和；$h_3 = 4.3\mathrm{m}$，即曝气器淹没水头；$h_4 = 0.4\mathrm{m}$，即曝气器阻力；$\Delta h = 0.5\mathrm{m}$，即富裕水头。

(4)曝气器数量计算。采用MT215型薄膜盘式微孔空气曝气器，动力充氧效率为7.0kg $O_2/(\mathrm{kW \cdot h})$，工作水深4.3m，在供风量为1～3$m^3/(h\cdot个)$时，曝气器氧利用率$E_A = 20\%$，充氧能力$q_c = 0.14kgO_2/(h\cdot个)$，则

按供氧能力计算所需曝气器数量：

$$h = \frac{\mathrm{SOR_{max}}}{2 \times q_c} = \frac{547}{2 \times 0.14} = 1953.6(个)$$，为分布均匀，取2400个。

(5)供风管道计算。输气管道中空气流速宜采用：干支管为10～15m/s；竖管、小支管为4～5m/s。供风干管采用树状布置。流量为

$$Q_S = \frac{1}{2} G_{Smax} = \frac{1}{2} \times 9768(\mathrm{m^3/h}) = 4884(\mathrm{m^3/h}) = 1.36(\mathrm{m^3/s})$$

设流速$v = 10\mathrm{m/s}$。则管径：$d = \frac{4\,Q_S}{v\pi} = \frac{4 \times 1.36}{10 \times \pi} = 0.17(\mathrm{m})$。

取干管管径 DN200mm。

单侧供气(向两侧廊道供气)支管:

$$Q_{S1}=\frac{1}{4}\times\frac{G_{Smax}}{2}=\frac{9768}{8}=1221(m^3/h)=0.34(m^3/s)$$

设流速 v=5m/s。则管径为

$$d=\frac{4Q_{S1}}{v\pi}=\frac{4\times0.34}{5\times\pi}=0.09(m)$$

取支管管径为 DN100mm。

双侧供气(向单廊道供气)支管:

$$Q_{S2}=\frac{2}{4}\times\frac{G_{Smax}}{2}=\frac{2\times9768}{8}=2442(m^3/h)=0.68(m^3/s)$$

设流速 v=5m/s。则管径为

$$d=\frac{4Q_{S2}}{v\pi}=\frac{4\times0.68}{5\times\pi}=0.17(m)$$

取支管管径为 DN=200mm。

5.6.6　设备选择

(1)厌氧池设备选择(以单组反应池计算)。厌氧池内设 QJB/12-621/3-480 推流式潜水搅拌机 4 台,功率 5kW,混合全部污水所需功率:5×4=20(kW)。

(2)缺氧池设备选择(以单组反应池计算)。缺氧池内设 QJB/12-621/3-480 推流式潜水搅拌机 4 台,功率 5kW,混合全部污水所需功率:5×4=20(kW)。

(3)混合液回流设备。①混合液回流泵。混合液回流比:R_N=200%(≥200%)。混合液回流量:

$$Q_R=R_NQ=2\times2300=4600(m^3/h)$$

设有混合液回流泵房 2 座,每座泵房内设 3 台潜污泵(两用一备)。则单泵流量:

$$Q_{R1}=\frac{Q_R}{2}\times\frac{1}{2}=\frac{4600}{2}\times\frac{1}{2}=1150(m^3/h)$$

采用 300QW900-8-30 型潜水排污泵,扬程为 8m,功率为 30kW,转速为 960r/min。

②混合液回流管。回流混合液由出水井流至混合液回流泵房,经潜污泵提升后送至缺氧段首端。混合液回流管设计流量:

$$Q_R=R_NQ=2\times2300=4600(m^3/h)=1.28(m^3/s)$$

泵房进水管设计流速采用:v=0.8m/s。

管道过水断面面积:

$$A=\frac{Q_N}{v}=\frac{1.28}{0.8}=1.60(m^2)$$

则管径:

$$d=\sqrt{\frac{4A}{\pi}}=\sqrt{\frac{4\times1.60}{\pi}}=1.43(m)$$

取泵房进水管管径 DN1500mm。

同理，泵房出水管设计流量为 $Q=1.28m^3/s$。泵房进水管设计流速采用 $v=1.0m/s$。管道过水断面面积：

$$A=\frac{Q_N}{v}=\frac{1.28}{1.0}=1.28(m^2)$$

则管径：

$$d=\sqrt{\frac{4A}{\pi}}=\sqrt{\frac{4\times 1.28}{\pi}}=1.28(m)$$

取泵房进水管管径 DN1300mm。

(4)鼓风机选择。

好氧反应池最大时，供气量：

$$G_{Smax}=\frac{SOR_{max}}{0.28E_A}=\frac{547}{0.28\times 0.20}=9768(m^3/h)=163(m^3/min)$$

因此，选择 HDL83 二叶罗茨鼓风机(两用一备)，该鼓风机进口流量范围为 139.58～216.42m^3/min，转速 980r/min，升压 9.8kPa，轴功率 40.4kW，配套电机型号为 Y280S-6，电机功率 45kW，主机重量为 3800kg。

5.7 二沉池

5.7.1 设计要求及参数

二沉池是活性污泥处理系统的重要组成部分，其作用是泥水分离，使得混合液澄清，浓缩和回流活性污泥。其运行效果将直接影响活性污泥系统的出水水质和回流污泥浓度。在本次设计中，为了提高沉淀效率，节约土地资源，降低筹建成本，采用机械刮泥吸泥机的辐流沉淀池，进出水采用中心进水，周边出水，以获得较高的容积利用率和较好的沉淀效果。形式：中心进水，周边出水，辐流式二沉池。二沉池面积按表面负荷法计算。计算表面负荷时，注意活性污泥在二沉池中沉淀的特点，q 应小于初沉池。计算中心进水管应考虑回流污泥，且 R 取大值。根据《室外排水设计标准》(GB 50014—2021)，有：

(1)沉淀时间为 1.5～4.0h，表面水力负荷为 0.6～1.5$m^3/(m^2 \cdot h)$，每人每日污泥量为 12～32g，污泥含水率为 99.2%～99.6%，固体负荷≤150$kg/(m^2 \cdot d)$。

(2)沉淀池超高不应小于 0.3m。

(3)沉淀池有效水深宜采用 2.0～4.0m。

(4)当采用污泥斗排泥时，每个污泥斗均应设单独的闸阀和排泥管。污泥斗的斜壁与水平面的倾角，方斗宜为 60°，圆斗宜为 55°。

(5)初次沉淀池的污泥区容积，除设机械排泥的宜按 4h 的污泥量计算外，宜按不大于 2d 的污泥量计算。活性污泥法处理后的二次沉淀池污泥区容积，宜按不大于 2h 的污泥量计算，并应有连续排泥措施；生物膜法处理后的二次沉淀池污泥区容积，宜按 4h 的污泥量计算。

(6)排泥管的直径不应小于 200mm。

(7)当采用静水压力排泥时，初次沉淀池的静水头不应小于 1.5m；二次沉淀池的静水头，生物膜法处理后不应小于 1.2m，活性污泥法处理池后不应小于 0.9m。

(8)初次沉淀池的出口堰最大负荷不宜大于 2.9L/(s·m)；二次沉淀池的出水堰最大负

荷不宜大于1.7L/(s·m)。

(9)沉淀池应设置浮渣的撇除、输送和处置设施。

(10)辐流沉淀池的设计,应符合下列要求:水池直径(或正方形的一边)与有效水深之比宜为6~12,水池直径不宜大于50m。宜采用机械排泥,排泥机械旋转速度宜为1~3r/h,刮泥板的外缘线速度不宜大于3m/min。当水池直径(或正方形的一边)较小时也可采用多斗排泥。缓冲层高度,非机械排泥时宜为0.5m;机械排泥时,应根据刮泥板高度确定,且缓冲层上缘宜高出刮泥板0.3m。坡向泥斗的底坡不宜小于0.05。

5.7.2 设计计算

(1)单池面积A。选取二次沉淀池表面负荷$q=1\mathrm{m^3/(m^2\cdot h)}$,设有2座沉淀池,即$n=2$,则$A=\frac{Q_{max}}{nq}=\frac{0.64\times 3600}{2\times 1}=1152(\mathrm{m^2})$。

(2)池子直径D。$D=\sqrt{\frac{4A}{\pi}}=\sqrt{\frac{4\times 1152}{\pi}}=38.31(\mathrm{m})$,取39m。校核负荷$q=\frac{4Q_{max}}{n\pi D^2}=\frac{4\times 0.64\times 3600}{2\times 3.14\times 39^2}=0.96\ \mathrm{m^3(m^2\cdot h)}$,在$0.6\sim 1.5\ \mathrm{m^3/(m^2\cdot h)}$范围内,符合要求。

(3)有效水深h_2。

$$h_2=qt=1.0\times 4=4(\mathrm{m})$$

式中,t为沉淀时间,1.5~4.0h,取4h。

径比深:$\frac{D}{h_2}=\frac{39}{4}=9.75$,在6~12之间。污泥部分所需容积:设计采用周边传动的刮吸泥机排泥,污泥区容积按2h贮泥时间确定。

$$Q=\frac{0.64\times 3600\times 24}{1.38}=40\ 069.6\ (\mathrm{m^3/d})$$

$$V=\frac{T(1+R)QX}{1/2(X+X_r)}=\frac{2\times(1+0.5)\times 40\ 069.6\times 3\ 333.3}{24\times(10\ 000+3\ 333.3)\times 1/2}=2\ 504.33(\mathrm{m^3})$$

则每个沉淀池的容积$V=1\ 252.165\mathrm{m^3}$。

(5)污泥区高度h_4。污泥斗高度。设污泥斗底部直径$D_2=1.5\mathrm{m}$,上部直径$D_1=3.0\mathrm{m}$,倾角为55°,池底的径向坡度为0.05。$h'_4=\frac{D_1-D_2}{2}\tan 55^\circ=\frac{3.0-1.5}{2}\times\tan 55^\circ=1.071(\mathrm{m})$,取1.1m。

污泥斗体积:$V_1=\frac{1}{3}\pi h'_4\times\left(\frac{D_1^2+D_1D_2+D_2^2}{4}\right)=\frac{3.14\times 1.1\times(3^2+4.5+1.5^2)}{12}=4.53(\mathrm{m^3})$。

圆锥体高度:

$$h''_4=\frac{D-D_1}{2}\times 0.05=0.9(\mathrm{m})$$

$$V_2=\frac{\pi h''_4(D^2+D_1D+D_1^2)}{12}=\frac{3.14\times 0.9\times(39^2+117+3.0^2)}{12}=387.87(\mathrm{m^3})$$

竖直段污泥部分的高度:

$$h'''_4 = \frac{V - V_1 - V_2}{A} = \frac{1\ 252.165 - 4.53 - 387.87}{1152} = 0.75(\text{m})$$

污泥区总高度：

$$h_4 = h'_4 + h''_4 + h'''_4 = 1.1 + 0.9 + 0.75 = 2.75(\text{m})$$

(6)沉淀池总高度 H。设超高 $h_1 = 0.3\text{m}$，缓冲层高度 $h_3 = 0.3\text{m}$，则：

$$H = h_1 + h_2 + h_3 + h_4 = 0.3 + 4 + 0.3 + 2.75 = 7.35(\text{m})$$

(7)进水部分。辐流式沉淀池中心处设中心管，污水从池底的进水管进入中心管，通过中心管壁的开孔流入池中央，中心管处用穿孔整流板围成流入区，使污水均匀流动。采用中心进水，中心管采用钢管，出水端用渐扩管，为了配水均匀，沿套管周围设一系列潜孔，并在套管外设稳流罩。

当流量为 $0.64\text{m}^3/\text{s}$ 时，单池设计污水流量为：$Q' = \frac{Q_{max}}{2} = 0.32\ (\text{m}^3/\text{s})$。

当回流比是 50%时，单池进水管设计流量为：$Q_{进} = (1 + R)Q' = (0.5 + 1) \times 0.32 = 0.48(\text{m}^3/\text{s})$。

进水管管径取为 $D_1 = 800\text{mm}$，则进水流速：

$$V_1 = \frac{Q_{进}}{A} = \frac{4\,Q_{进}}{D_1^2\pi} = \frac{4 \times 0.48}{0.8^2\pi} = 0.96(\text{m/s})$$

进水竖孔直径 $D_2 = 1500\text{mm}$，进水竖井采用多孔配水，配水尺寸为 $0.5\text{m} \times 1.5\text{m}$，共6个。

设井壁均匀分布，则流速：$V = \frac{Q_{进}}{0.5 \times 1.5 \times 6} = \frac{0.48}{0.5 \times 1.5 \times 6} = 0.11(\text{m/s}) < 0.15 \sim 0.2\text{m/s}$

孔距：$l = \frac{D_2\pi - 0.5 \times 6}{6} = \frac{1.5 \times 3.14 - 0.5 \times 6}{6} = 0.285(\text{m})$。

设管壁厚度为 0.15m，则 $D_{外} = 1.5 + 0.15 \times 2 = 1.8(\text{m})$。

筒中流速一般为：$V_3 = 0.02 \sim 0.03\text{m/s}$，取 0.03m/s。

稳流筒过流面积：$f = \frac{Q_{进}}{V_3} = \frac{0.48}{0.03} = 16(\text{m}^2)$。

稳流筒直径：$D_3 = \sqrt{D_{外}^2 + \frac{4f}{\pi}} = \sqrt{1.8^2 + \frac{4 \times 16}{3.14}} = 4.86(\text{m})$。

(8)出水部分设计。

①每池所需堰长：$L = \frac{1000Q}{nq} = \frac{1000 \times 0.64}{2 \times 1} = 320(\text{m})$。$q$ 为堰负荷，单位为 L/(s·m)，取 1L/(s·m)，且有 $D = \frac{L}{\pi} = \frac{320}{3.14} = 101.91(\text{m}) > 39(\text{m})$，故采用双侧集水。

②环形集水槽设计。计算采用一个环形集水槽，池边双侧集水，设集水槽外壁距池边 0.5m，壁厚采用 0.15m。每池都采用双侧集水，其集水槽为矩形断面。

$$Q_{单} = \frac{Q_{max}}{2} = 0.64/2 = 0.32(\text{m}^3/\text{s})$$

$$q_{集} = 0.32\ \text{m}^3/\text{s}$$

集水槽宽度：$b = 0.9 \times q_{集}^{0.4} = 0.9 \times 0.32^{0.4} = 0.57(\text{m})$，取 0.60m。$q_{集}$ 为集水槽流量（m^3/s）。

取槽内流速 $v = 0.7\text{m/s}$，则槽内终点水深：

$$h_4 = \frac{q_{集}}{v \times b} = \frac{0.32}{0.7 \times 0.6} = 0.76(\text{m})$$

计算槽内起点水深 h_3。$h_k = \sqrt[3]{\frac{q^2 \times a}{b^2 \times g}} = \sqrt[3]{\frac{0.32^2 \times 1.0}{0.6^2 \times 9.81}} = 0.31(\text{m})$，$a$ 为系数，一般取 1.0。则

$$h_3 = \sqrt[3]{2h_k^3/h_4 + h_4^2} = \sqrt[3]{2 \times 0.31^3/0.76 + 0.76^2} = 0.87(\text{m})$$

集水槽内水深为 0.9m，取超高 0.3m，则集水槽总高为 1.2m。

③出水溢流堰设计（采用出水三角堰 90°）。采用等腰直角三角形薄壁堰，取堰高 0.08m，堰宽 0.16m，堰上水宽为 0.08m。集水堰外侧堰长：$L_1 = (D - 0.5 \times 2)\pi = 119.32(\text{m})$。

集水堰内侧堰长：$L_2 = [D - 0.5 \times 2 - (0.6 + 0.15 \times 2) \times 2]\pi = 113.67(\text{m})$。

每池出水堰长：$L = L_1 + L_2 = 119.32 + 113.67 = 232.99(\text{m})$。

实际堰负荷：$q = \frac{Q}{2L} = \frac{0.64 \times 1000}{2 \times 232.99} = 1.37L/(\text{s} \cdot \text{m}) < 1.7\ \text{L}/(\text{s} \cdot \text{m})$，符合要求。

实际堰个数：$m = \frac{L}{0.16} = \frac{232.99}{0.16} = 1\,456.19$（个），取为 1457 个，共需 2914 个。

每个三角堰的流量：$Q_1 = \frac{Q_{max}}{2914} = \frac{0.64}{2914} = 2.20 \times 10^{-4}(\text{m/s})$。

过堰水深：$h = \left(\frac{Q_1}{1.4}\right)^{2/5} = \left(\frac{2.20 \times 10^{-4}}{1.4}\right)^{2/5} = 0.03(\text{m})$。

④出水管计算。管径取 $D_1 = 800\text{mm}$，则流速 $V_1 = \frac{4 \times q_{集}}{\pi D^2} = \frac{4 \times 0.32}{3.14 \times 0.8^2} = 0.64(\text{m/s})$。

(9)排泥量计算。

①单池污泥量计算。

$$W_{总} = P_X = 356(\text{kg/d})$$

$$W_{泥单} = \frac{W_{总}}{2} = 178(\text{kg/d})$$

$$Q_S = \frac{\Delta X}{f X_r} = \frac{Y \cdot (S_o - S_e) \cdot Q - K_d \cdot V_1 \cdot X_V}{f X_r}$$

$$= \frac{356 \times 10^3}{0.75 \times 10\,000 \times 24 \times 3600} = 0.000\,55(\text{m}^3/\text{s})$$

式中：f 为 MLVSS/MLSS，生活污水约为 0.75，城市污水也可同此。

$$Q_{泥单} = \frac{Q_S}{2} = \frac{0.000\,55}{2} = 2.75 \times 10^{-4}(\text{m}^3/\text{s})$$

②排泥管计算。设有两个直径 $D_1 = 350\text{mm}$ 的排泥管，则

$$Q_{排泥管} = \frac{Q_{泥单}}{2} = \frac{2.75 \times 10^{-4}}{2} = 1.375 \times 10^{-4}(\text{m}^3/\text{s})$$

污泥流速：

$$V_1 = \frac{4Q_{排泥管}}{\pi D_1^2} = \frac{4 \times 1.375 \times 10^{-4}}{3.14 \times 0.35^2} = 1.43 \times 10^{-3} (m/s)$$

5.8 污泥回流泵房

(1)设计说明。回流污泥泵房的设计包括回流污泥泵和剩余污泥泵，主要收集二次沉淀池排出的污泥，一部分作为回流污泥由回流污泥泵提升至厌氧池，另一部分作为剩余污泥由剩余污泥泵排至浓缩池。

(2)回流污泥泵设计选型。回流污泥量：$Q_1 = RQ_{max} = 0.5 \times 0.639 = 0.3195(m^3/s) = 1150.2(m^3/h)$。

剩余污泥量：$Q_2 = Q_w = 19.56m^3/h$。总污泥量：$Q = Q_1 + Q_2 = 1150.2 + 19.56 = 1169.76(m^3/h)$。设计中选用3台回流污泥泵（两用一备），2台剩余污泥泵（一用一备），每台回流泵的流量：$Q/2 = 1150.2/2 = 575.1(m^3/h) = 159.75(L/s)$；

每台剩余污泥泵的流量：$19.56/1 = 19.56(m^3/h) = 5.43(L/s)$。

①回流污泥泵的选择。选用300QW600-20-55型潜水排污泵，单台提升能力为$600m^3/h$，提升高度为20m，电动机转速$n = 980r/min$，功率$N = 55kW$，去除效率为75%，出口直径为300mm。

②剩余污泥泵的选择。选用50QW24-20-4型的潜水排污泵，单台提升能力为$24m^3/h$，提升高度为20m，电动机转速$n = 1440r/min$，功率$N = 4kW$，效率为69.2%，出口直径为50mm。

(3)集泥池设计参数。泵房集泥池有效容积按不小于最大一台泵（回流泵）5min出水量计算，则$V = 159.75 \times 5 \times 60/1000 = 47.93(m^3)$；有效水深设为$h = 2.0m$；集泥池的面积：$A = V/h = 47.93/2.0 = 23.97(m^2)$；集泥池平面尺寸：$L \times B = 6 \times 5 = 30(m)$。

5.9 污泥浓缩池

污泥浓缩池一般采用似竖流式或辐流式的形状，可分为间歇操作和连续操作两种，前者主要用于小型污水处理厂或工业企业的污水处理厂，后者用于大、中型污水处理厂（表5-20）。连续式重力浓缩池的形式与辐流式沉淀池相同，它可分为有刮泥机与污泥搅拌装置、不带刮泥机以及多层浓缩池（带刮泥机）三种。

表5-20 污水处理厂类型

类型	处理量	建设地
大型污水处理厂	$>1 \times 10^5 m^3/d$	大城市
中型污水处理厂	$1 \times 10^4 \sim 1 \times 10^5 m^3/d$	中小城市和大城市郊县
小型污水处理厂	$<1 \times 10^4 m^3/d$	小城镇

(1)设计说明。采用两座连续式重力污泥浓缩池，两座轮流使用，以防维修时无法正常处理污水。

(2)设计参数（表5-21）。①进泥含水率：当为初次沉淀池污泥时，其含水率一般为95%～

97.5%(典型值 97%);当为二次沉淀池污泥进入污泥浓缩池的污泥时,其含水率一般为99.2%～99.6%;当为混合污泥时,其含水率一般为 98%～99%。由于本设计进入污泥浓缩池的污泥为剩余污泥量,因此进泥含水率 P_1 取 99.3%。②浓缩后污泥含水率:浓缩后污泥含水率宜为 97%～98%,本设计 P_2 取 97%。③浓缩池固体通量 M 为 25～80kg/(m^2·d),本设计取 30kg/(m^2·d)。④污泥浓缩时间:浓缩时间不宜小于 12h,但也不要超过 24h,以防止污泥厌氧腐化,本设计取浓缩时间 T=18h。⑤贮泥时间:定期排泥时,贮泥时间 t=4h。⑥集泥设施,辐流式污泥浓缩池的集泥装置,当采用吸泥机时,池底坡度可采用 0.003;当采用刮泥机时,池底坡度不宜小于 0.01。不设刮泥设备,池底一般设有泥斗。本设计采用刮泥机,池底坡度 i=0.03。⑦进泥浓度 c=10g/L。

表 5-21　连续式重力污泥浓缩池设计参数一览表

进泥含水率 p_1	99.3%	浓缩时间 T	18h
浓缩后含水率 p_2	97.0%	贮泥时间 t	4h
浓缩池固体通量 M	30kg/(m^2·d)	进泥浓度 c	10g/L

(3)设计计算。①浓缩池池体计算。浓缩池污泥量为二次沉淀池的剩余污泥量,由前面的计算可知,二次沉淀池剩余污泥量 Q_W=469.44m^3/d,则浓缩池污泥总流量为:Q_W=469.44m^3/d=19.56m^3/h。

②浓缩池总面积:$A=\dfrac{Q_w c}{M}=\dfrac{469.44\times 10}{30}=156.48\ (m^2)$。

③单池面积:$A_1=\dfrac{A}{n}=\dfrac{156.48}{2}=78.24\ (m^2)$。

④浓缩池直径:$D=\sqrt{\dfrac{4A_1}{\pi}}=\sqrt{\dfrac{4\times 78.24}{3.14}}=9.98\ (m)$,取 D=10m。

⑤有效水深:$h_1=\dfrac{TQ_w}{24A_1}=\dfrac{18\times 469.44}{24\times 78.24}=4.5\ (m)$。

⑥浓缩后污泥量与存泥容积。单个浓缩池浓缩后排出含水率 P_1=99.3%,P_2=97.0%的污泥,则:

$$Q'_w=\frac{100-P_1}{100-P_2}Q_w=\frac{100-99.3}{100-97}\times 469.44=109.536\ (m^3/d)=4.564(m^3/h)$$

按 4h 贮泥时间计泥量,则贮泥区所需容积:

$$V_2=4\times Q'_w=4\times 4.564=18.256(m^3)$$

泥斗容积:

$$V_3=\frac{\pi h_4}{3}(r_1{}^2+r_1 r_2+r_2{}^2)$$

$$=\frac{3.14\times 1.5}{3}\times(2.5^2+1.2\times 2.5+1.2^2)=16.94\ (m^3)$$

式中:h_4 为泥斗的垂直高度,取 1.5m;r_1 为泥斗的上口半径,取 2.5m;r_2 为泥斗的下口半径,取 1.2m。

设池底坡度为0.01，池底坡降：

$$h_5 = \frac{0.01 \times (10 - 5)}{2} = 0.025\ (\text{m})$$

故池底可贮泥容积：

$$V_4 = \frac{\pi h_5}{3}(R_1{}^2 + R_1 r_1 + r_1{}^2)$$
$$= \frac{3.14 \times 0.025}{3} \times (5^2 + 5 \times 2.5 + 2.5^2) = 1.14(\text{m}^3)$$

因此，总贮泥容积：

$$V_w = V_3 + V_4 = 16.94 + 1.14 = 18.08\ (\text{m}^3) \approx V_2 = 18.256\ \text{m}^3(\text{满足要求})$$

⑦浓缩池总高度。浓缩池的超高 h_2 取 0.30m，缓冲层高度 h_3 取 0.30m，则浓缩池的总高度 H 为：

$$H = h_1 + h_2 + h_3 + h_4 + h_5$$
$$= 4.5 + 0.3 + 0.3 + 1.5 + 0.025$$
$$= 6.625(\text{m})$$

⑧浓缩池排水量：

$$Q = Q_w - Q'_w = 19.56 - 4.564 = 14.996\ (\text{m}^3/\text{h})$$

5.10 紫外线消毒

城市污水经二级处理后，水质已经得到改善。细菌含量也大幅度减少，但细菌的绝对值仍较高，并可能存在病原菌。因此，排放污水前应进行消毒。本设计采用紫外线消毒。

优点：具有光谱性、保护环境、安全、消毒时间短、占地面积小、运行成本低等。

5.10.1 设计参数与要求

(1)光照接触时间 10～100s。

(2)消毒器中水流流速最好不小于 3m/s，以减少套管结垢，可采用串联运行，以保证所需的接触时间。

(3)设计水量 Q=640L/s。

5.10.2 设计计算

(1)灯管数。选用上海 TOWIN/冬翼 MQUV 系列紫外消毒器，每根处理量约为 333m^3，所以，$n_{\max} = \frac{55\ 200}{333} = 165$ (根)，$n_{\text{平}} = \frac{40\ 000}{333} = 120$ (根)，设 10 根灯管为一个模块，则模块数 N=12 个。

(2)消毒渠设计。按照设备要求，渠道深度为 1.6m，设渠中水流流速为 0.3m/s。消毒渠道过水面积：$A = \frac{Q}{V} = \frac{55\ 200}{0.3 \times 24 \times 3600} = 2.13(\text{m}^2)$，渠道宽度：$B = \frac{A}{H} = \frac{2.13}{1.6} = 1.33(\text{m})$，取 1.4m。设灯管间距为 30cm，设置为两个 UV 灯管组，每个灯管组 7 个模块。渠道长度：每个模块长度为 1.8m，两个灯管组间距为 1.0m，渠道出水设调节板，考虑调节堰与灯管组间距和进出水长度，取 3.5m。则渠道总长度为：$L = 2 \times 1.8 + 1.0 + 3.5 = 8.1(\text{m})$。

复核辐射时间：$t = \frac{2 \times 1.8}{0.3} = 12(\text{s})$ (符合要求)。

5.11　贮泥池

进入贮泥池的总泥量：124.2＋47.52＝171.72(m^3/d)。取贮存时间为12h，则贮泥池有效容积 $V=\frac{171.72\times 12}{24}=85.86\ (m^3)$，设贮泥池为圆形，水深为2m，则贮泥池直径 $D=\sqrt{\frac{4V}{h\pi}}=\sqrt{\frac{4\times 171.72}{2\pi}}=7.39(m)$。取贮泥池超高为0.3m，则贮泥池高度为 $H=2+0.5=2.5(m)$。

实训5.3　环境影响评价实训

一、实训目的

(1)熟悉环境影响报告书编制的内容和要求。

(2)培养学生综合分析问题和解决问题的能力。

(3)培养学生的计算机应用能力和语言表达能力。

(4)培养学生谦虚、细致和实事求是的工作态度。

二、实训要求

(1)学习《建设项目环境影响评价分类管理名录》，了解哪些项目需要编制环境影响报告书。

(2)在专项训练的基础上，按规范编制环境影响报告书，并处理和绘制相关图件。

(3)根据项目实际情况，列出必需的附件名称。

三、相关内容

(一)环境影响报告书编制前期工作指南

1.环评调查收集资料指导清单

(1)项目技术资料。①项目建议书、可行性研究报告或初步设计等技术资料，具体内容如下。a.项目建设背景：公司介绍、项目由来、建设必要性等。b.项目基本情况：包括选址、生产规模、产品结构、劳动定员、生产班制、主要技术经济指标。c.土建内容：包括总用地面积，建(构)筑物占地面积，建(构)筑物内容和单项建(构)筑物面积(主体工程、辅助工程、公用工程、办公及生活设施等)，绿化面积，土建周期。d.生活配套设施：包括食堂、浴室、宿舍等。e.公用工程介绍：给排水、供汽、供电等，提供具体的数量。f.原辅材料利用情况：原辅材料形态、主要成分含量、运输和存放方式，具有环境风险的项目应提供原材料的成分、厂内存放位置、最大存放量信息。g.设备清单：提供设备型号和规格。h.生产工艺流程、工艺描述和原理介绍、工艺先进性说明，国内外同类型企业生产工艺调查资料。i.房地产项目提供各建筑单体平面布置图等。②技改项目提供原环评报告、环保设施验收资料以及日常监测资料等，具体内容如下。a.原有生产基本情况：包括厂区地址、投产时间、产品及产量、产值、劳动定员、生产班制等。b.厂区基本情况：包括占地面积、建筑面积、绿化面积、厂区总平面布置。c.生产设备清单（型号和规格），原辅材料用量。d.生产工艺流程、工艺描述和原理介绍、工艺先进性说明。e.污染防治措施（工艺流程、基本设计和运行参数），废气应包括排气筒数量、风量、高度、内径、用水量（或循环水量），废水应包括各水池容积和设备规格、污水总排口位置或接入市政管网的位置，主要噪声设备采取的措施。f."三废"排放和达标情况（监测报告），总量指标。

（2）建设地环境资料。①建设项目所在地周围环境状况、主要敏感目标情况（距离、规模）。②地质地貌、气象、水文、生态状况等资料。③城市规模、人口、植被、农业、工业等简介。④城市总体规划、生态规划，城市和村镇、工业区总体规划介绍及规划图纸。⑤环境功能区划，海洋功能区划：岸线利用规划、水产养殖规划、旅游规划、各种保护区规划及其他相关规划资料。⑥有集中供热、污水处理、固废处置的，对各集中处理设施情况进行介绍，污水处理和固废处置场应包括工艺、处理能力、实际处理情况等。

（3）主管环保部门意见。①拟建地环境功能，包括大气、噪声、地面水等执行的环境质量标准及污染物排放标准。②对项目建设的意见，新增总量指标的意见。

（4）有关附件类材料。①关于该项目的立项批文。②规划部门（城镇、村镇）规划选址意见书与规划红线图。③地方环保部门项目受理单。④地方国土资源部门的土地利用预审意见。⑤租用厂房项目提供土地证和租赁协议。⑥需要办理工商营业执照的项目需提供名称预核准文件和工商开业申请表。⑦涉及周边有风景区的项目需有旅游管理部门的意见。⑧涉及占用林地的项目需有林业部门的意见。⑨涉及占用基本农田的项目需有国土资源部门的补划农田证明。⑩采用统一供热的项目应提供集中供热协议书。⑪有危险废物产生的项目应提供危废委托处置协议。⑫技改项目或安排实测项目需提供监测报告。⑬企业关于废物贮存和处置承诺（化工类）。⑭化学事故应急救援预案（化工类）。⑮与供应商签订的包装物回收协议（化工类）。⑯企业关于所提供资料真实性的保证书（化工类）。⑰地方环保部门关于环评采用标准的确认函（有特殊要求的报告书）。⑱公众调查团体、个人表（报告书和环境敏感项目报告表）。⑲公告栏所在单位关于公示的证明（报告书和环境敏感项目报告表）。

（5）有关附图类材料。①区域位置图（必须能看清文字、主要河流、道路、村庄等）。②周围环境关系图（体现周围保护对象）。③建设项目总平面布置图，（明确污水处理站、排气筒等位置）。④厂界噪声监测布点图。（注意：①～④的图形要有比例尺和指北方向）。⑤重污染项目提供车间或设备平面布置图。⑥房地产项目提供地下室平面布置图。⑦化工类项目提供厂区排水平面图。⑧城市、村镇或开发区总体规划图（报告书）。⑨环境功能区划图。⑩环境空气、地表水等监测布点图（报告书）。⑪污水排入环境项目提供水系图（报告书）。⑫周围环境现状照片、公示照片（报告书）。

（6）环评人员应当对所承接的具体项目进行具体分析。环评人员结合"环评调查收集资料指导清单"，提出更符合实际情况的环评项目资料清单。

2. 初步工程分析作业规范

对环评项目进行初步工程分析(特别是需要编写环境影响报告书的项目)是做好影响评价的重要环节和步骤。项目负责人在接受环评任务后,应及时安排现场踏勘和资料收集,并通过类比调查和资料调研进行初步的工程分析。

(1)根据《建设项目环境影响评价分类管理名录》、国家和地方的产业政策及相关文件,查实项目报告类型和产业政策的符合性,如发现报告类型与合同有出入或与产业政策有抵触,应及时汇报,以便研究解决。

(2)对企业提供的资料进行分析,紧密结合原辅材料、设备和生产工艺,并与企业技术人员进行交流,初步判断资料的真实性和完整性。

(3)现场踏勘后绘制周围环境关系图,明确周围状况和敏感点情况,对于污水排河或使用液体有毒有害物质(考虑泄漏)的项目,应调查清楚周围水系情况,尤其是与水源保护区的关系。

(4)结合原辅材料和设备,绘制生产工艺流程图和排污流程图,对生产工艺进行详细描述,必须对工艺原理了解清楚;化工项目尤其要关注物料转移方式、反应机理和条件、转化率和收率、副反应和特征污染因子、废气收集措施;进行重大危险源识别,关注危险废物处理方式。

(5)根据工艺分析和调查,确定污染因子,结合当地功能区划确定评价标准。对污染防治措施进行初步分析、判断,核算“三废”源强;有强制卫生防护距离要求的行业项目,以及有无组织废气排放的项目,均应确定卫生防护距离,并初步判断拟建项目是否满足卫生防护距离要求。

(6)技改、扩建和迁建项目需调查企业原有的生产和排污情况,对企业提供的现状资料(如原有环评、验收监测等),必须结合目前的生产实际情况进行核实,必要时进行现状污染源监测,确定“三废”排放源强。

(7)初步确定总量指标,技改项目应关注技改前后总量能否平衡。在初步工程分析和环境状况初步调查的基础上,进行环境影响因素识别,确定评价因子;明确评价重点和环境保护目标,环境保护目标(评价区域内居民区、学校、医院、自然保护区、风景名胜区、文物古迹、饮用水源保护区、取水口等)按规定填写;确定各专项环境影响评价的工作等级、评价范围和评价标准。

(二)环境影响报告书编制工作指南

(1)环境影响报告书及各专项编制工作要求。环境影响报告书主要内容:环境影响报告书应根据工程特点、评价级别、国家和地方的环境保护要求,选择下列但不限于下列全部或部分专项评价。以污染影响为主的建设项目一般应包括工程分析,周围地区的环境现状调查与评价,环境影响预测与评价,清洁生产分析,环境风险评价,环境保护措施及其经济、技术论证,污染物排放总量控制,环境影响经济损益分析,环境管理与监测计划,公众参与,评价结论和建议等专题。以生态影响为主的建设项目还应设置施工期、环境敏感区、珍稀动植物、社会影响等专题。其中部分编制内容的具体要求阐述如下。

①总则。a. 编制依据。编制依据需包括建设项目应执行的相关法律法规、相关政策及规划、相关导则及技术规范、有关技术文件和工作文件，以及环境影响报告书编制中引用的资料、环评委托书等。b. 评价因子与评价标准。评价因子分为现状评价因子和预测评价因子，评价标准给出各评价因子所执行的环境质量标准、排放标准。c. 评价工作等级和评价重点。评价工作等级和评价重点能够说明各专项评价工作等级，并明确重点评价内容。d. 评价范围及环境敏感区。评价范围及环境敏感区能够以图、表的形式说明评价范围和各环境要素的环境功能类别或级别，以及各环境要素的环境敏感区和功能，它与建设项目的相应位置关系等。

②建设项目概况与工程分析采用图表及文字结合的方式，概要说明建设项目的基本情况、组成、主要工艺路线、工程布置及原有工程和在建工程的关系。对建设项目的全部组成和施工期、运营期、服务期满后所有时段的全部行为过程的环境影响因素及其影响特征、程度、方式等进行分析与说明，突出重点；从保护周围环境、景观及环境保护目标的要求出发，分析总图及规划布置方案的合理性。绘出平面布置图。

③环境现状调查与评价。应根据当地环境特征、建设项目特点和专项评价设置情况，从自然环境、社会环境、环境质量和区域污染源等方面选择相应内容进行现状调查与评价。给出地理位置图，项目所在区域规划图、水系图，与自然保护区的相对位置图（如涉及自然保护区），周围环境现状图等。

④环境影响预测。给出预测时段、预测内容、预测范围、预测方法及预测结果，并根据环境质量标准或评价指标对建设项目的环境影响进行评价。

⑤社会环境影响评价。明确建设项目可能产生的社会环境影响，定量预测或定性描述社会环境影响评价因子的变化情况，提出降低影响的对策与措施。

⑥环境风险评价。根据建设项目环境风险识别、分析情况，给出环境风险评估后果、环境风险的可接受程度，从环境风险角度论证建设项目的可行性，提出具体可行的风险防范措施和应急预案。

⑦环境保护措施及其经济、技术论证。明确建设项目拟采取的具体环境保护措施。结合环境影响评价结果，论证建设项目拟采取环境保护措施的可行性，并按技术先进、适用、有效的原则，进行多方案比选，推荐最佳方案。按工程实施不同时段，分别列出其环境保护投资额，并分析其合理性。给出各项措施及投资估算一览表。如污水排入区域污水处理厂，则需给出污水管网图。

⑧清洁生产分析和循环经济。量化分析建设项目清洁生产水，提高资源利用率，优化废物处置途径，提出节能、降耗、提高清洁生产水平的改进措施与建议。

⑨污染物排放总量控制。根据国家和地方总量控制要求、区域总量控制的实际情况及建设项目主要污染物排放指标分析情况，提出污染物排放总量控制指标建议和满足指标要求的环境保护措施。

⑩环境影响经济损益分析。根据建设项目环境影响所造成的经济损失与效益分析结果，提出补偿措施与建议。

⑪环境管理与环境监测。根据建设项目环境影响情况，提出设计、施工期、运营期的环境

管理及监测计划要求，包括环境管理制度、机构、人员、监测点位、监测时间、监测频次、监测因子等。

⑫公众意见调查。给出采取的调查方式、调查对象、建设项目的环境影响信息、拟采取的环境保护措施、公众对环境保护的主要意见、公众意见的采纳情况等。

⑬方案比选。建设项目的选址选线和规模，应从是否与规划相协调、是否符合法规要求、是否满足环境功能区要求、是否影响环境敏感区或造成重大资源经济和社会文化损失等方面进行环境合理性比较，从环境保护角度，提出选址、选线意见。

⑭环境影响评价结论。环境影响评价结论是全部评价工作的结论，应在概括和总结全部评价工作的基础上，简洁、准确、客观地总结建设项目实施过程各阶段生产和生活活动与当地环境的关系，明确一般情况下和特定情况下的环境影响，规定采取的环境保护措施。从环境保护的角度分析，得出建设项目是否可行的结论。环境影响评价的结论一般包括建设项目的建设概况、环境现状与主要环境问题、环境影响预测与评价结论、项目建设的环境可行性、结论与建议等内容，可有针对性地选择其中的全部或部分内容进行编写。环境可行性结论应从与法规政策及相关规划一致性、清洁生产和污染物排放水平、环境保护措施可靠性和合理性、达标排放稳定性、公众参与接受性等方面分析得出。

⑮附录和附件。将建设项目依据文件、评价标准和污染物排放总量批复文件、引用文献资料、原燃料品质等必要的有关文件、资料附在环境影响报告书后。

(2)报告书中格式要求如下。①一般原则要求简洁、大方，节约环保。一律使用Office2003办公软件。②页面设置。a. 纸张：A4。b. 文档网络：无网络。c. 版式：页眉、页脚均为1.75cm。d. 页边距：上 2.8cm，下 2.5cm，左、右均为 2.5cm，不要装订线。

(3)字体。①目录。采用二级目录，五号宋体，一级目录段前、段后各 4 磅(或 3 行)并加粗，二级目录左缩进 2 个字符，1.25 倍行距，目录页脚插入罗马数字页码(五号)。②页眉和页脚。页眉：项目名称五号宋体、居中；页脚：页码五号宋体。③标题。一级标题：居中，小二号黑体，段前、段后各 10 磅，行距固定为 22 磅；二级标题：居左，顶格，小三号黑体，段前、段后各 0.5 行，1.5 倍行距；三级标题：居左，顶格，小四号黑体，段前、段后各 0.5 行，1.5 倍行距。④正文。采用小四号宋体，西文和数字一律使用 Times New Roman 字体，首行缩进 2 个字符，行距固定为 22 磅。⑤表格。表格居中，单倍行距，表格名称位于表格上方、五号宋体加粗；表格行高指定高度为 0.6cm，行高数值选择最小值；同页各表格宽度保持一致，整个文本最好统一。同一张表格尽量不分页(差一两行可调节行高值)，如需分页，则下一页表格左上方应有“续表 1-1”等字样；表格文字一律采用五号宋体，居中，如放不下可相应缩小一号，或调节字符间距。⑥插图。居中，图名位于图下方、五号宋体加粗，采用软件默认的“在此处创建图形”，使图形组合，一张图尽量不要分页。图示文字采用五号或小五号宋体，居中。⑦附图和附件。图名统一采用“附图 1、附图 2……”，文字采用三号黑体，位于图下方并居中。附件标号，采用“附件 1、附件 2……”，文字采用三号黑体，位于页面上方并居右侧。

(4)附图要求。①一般要求。附图一般要求见基本规定。②各主要附图要求。a. 地理位置图。图示评价区范围、厂址、交通干线、主要河流、湖泊、水库、湿地、城镇、厂矿企业、自然人文景观等主要环境敏感目标，列出空气环境质量监测点位、风玫瑰图、图例、比例尺

(1∶50 000～1∶100 000)和指北标志。位置图必须能看清文字。b.水系图。图示主要河流、湖泊、水库、流向(主、次)、水工设施、厂址、污水排口位置(含污水处理厂)、饮用水源保护区范围、取水口、水产养殖区等敏感目标。附比例尺图标(1∶50 000～1∶100 000)和指北向。在水系图中标明水环境现状监测断面。c.规划图。开发区、工业集中区发展规划图、城镇总体规划图,图示土地利用规划(需要时应增加现状图)、项目位置、热电厂、污水处理厂、管网等。附图例。附图例及比例尺、图标(1∶50 000～1∶100 000)。d.厂界周围状况图。图示厂界外不少于500m的土地利用现状和主要环境敏感保护目标。附比例尺、图标(1∶5000～1∶10 000)。e.厂区总平面布置图。应图示主要生产装置,公用工程、储罐区、危险化学品库及污染源位置(排气筒、排污口、噪声源、固废贮存场地等)等。技改项目标明已建、在建和拟建项目区。附图例、指北向及比例尺、图标(1∶3000～1∶5000)。f.排水管网走向图。图示排水管网的布设范围、走向及排水去向,图中需标明主管、支管、污水泵站、项目位置等,附图例、指北向及比例尺。

(5)附件要求。①附件属于环评报告书的重要支持文件,必须齐全、完备。②重点附件:环评委托书、原料成分分析、危险固废接纳协议及接纳单位的资质证明、土地证明、城市污水处理厂接纳协议及污水处理厂环评批复及验收文件、工业园区接纳协议、供热依托协议书、环境保护局的评价标准复函、公众参与的乡镇或村级证明。③加盖CMA章的环境监测报告。④装订成册的公众参与调查问卷原件(备查)。

四、实训内容

在专项分析评价的基础上,整理材料,总结环境影响评价的所有工作,按照环境影响报告书的编制要求编制环境影响报告书,得出环境影响评价结论和建议,并处理和绘制相应图件,列出所需主要附件。

参考文献

[1]潘大伟,金文杰.环境工程实验[M].北京:化学工业出版社,2014.

[2]卞文娟,刘德启.环境工程实验[M].南京:南京大学出版社,2011.

[3]李光浩.环境监测实验[M].武汉:华中科技大学出版社,2009.

[4]张莉,余训民,朱启坤.环境工程实验指导教程[M].北京:化学工业出版社,2011.

[5]章非娟,徐竞成.环境工程实验[M].北京:高等教育出版社,2006.

[6]卫亚红.环境生物学实验技术[M].西安:西北农林科技大学出版社,2013.

[7]严金龙,潘梅.环境监测实验与实训[M].北京:化学工业出版社,2014.

[8]韩香云,丁成,陈天明.建设项目环境影响评价实训教程[M].北京:化学工业出版社,2016.